谁种谁赚钱·设施蔬菜技术丛书

蔬菜工厂化育苗技术

常有宏　余文贵　陈　新　主　编
刁阳隆　郑子松　刘晓宏　李　纲　陈亚婷　编　著

中国农业出版社

图书在版编目（CIP）数据

蔬菜工厂化育苗技术/刁阳隆等编著．—北京：中国农业出版社，2013.10

（谁种谁赚钱·设施蔬菜技术丛书/常有宏，余文贵，陈新主编）

ISBN 978-7-109-18431-2

Ⅰ.①蔬… Ⅱ.①刁… Ⅲ.①蔬菜－育苗 Ⅳ.①S630.4

中国版本图书馆 CIP 数据核字（2013）第 237664 号

中国农业出版社出版

（北京市朝阳区农展馆北路 2 号）

（邮政编码 100125）

责任编辑 杨天桥

北京大汉方圆数字文化传媒有限公司印刷 新华书店北京发行所发行

2013 年 11 月第 1 版 2013 年 11 月北京第 1 次印刷

开本：850mm×1168mm 1/32 印张：6.125 插页：1

字数：150 千字

定价：30.00 元

出版者的话

我国农民历来有一个习惯，不论政府是否号召，家家户户都要种菜。

在人民公社化时期，即使土地是集体的，政府也划给一家一户几分“自留地”种菜。白天，农民在集体的土地上种粮，到了收工的时候，不管天黑，也不顾饥肠辘辘，一放下工具就径直奔向自留地，侍弄自家的菜园。因为，种菜不仅可以满足一家人一年的生活，胆大的人还可以将剩余的菜“冒险”拿到市场上换钱。

实行分田到户后，伴随粮食的富余，种菜的农民越来越多。因为城里人对蔬菜种类和数量的需求日益增长，商品经济越来越活跃，使农民直接看到了种菜比种粮赚钱。

近一二十年来，市场越来越开放，农业生产分工越来越细，种菜的农民也越来越专业，他们不仅在露地大面积种菜，还建造塑料大棚、日光温室，甚至蔬菜工厂等，从事设施蔬菜生产。因为，在设施内种菜，可以不受季节限制，不仅一年四季都有新鲜菜上市，也为菜农增加了成倍的收入。

巨大的商机不仅让农民获得了实惠，也使政府找到了“抓手”。继“菜篮子工程”之后，近年来，各地政府又不断加大了对设施蔬菜的资金补贴，据 2010 年 12 月国家发展和改革委员会统计：北京市按中高档温室每亩 1.5 万元、简易温室 1 万元、钢架大棚 0.4 万元进行补贴；江苏省紧急安排 1 亿元蔬菜生产补贴，扩大冬种和设施蔬菜种植面积；陕西省安排补贴资金 2.5 亿元，其中对日光温室每亩补贴 1 200 元，设施大棚每亩补贴 750 元；宁夏对中部干旱和南部山区日光温室、大中拱棚、小拱棚建设每亩分别补贴3 000元、1 000元和200元……使设施蔬菜的发展势头迅猛。截止到2010年，我国设施蔬菜用20%的菜地面积，提供了40%的蔬菜产量和60%的产值（张志斌，2010）！

万事俱备，只欠东风。目前，各地菜农不缺资金、不愁市场，缺的是技术。在设施内种菜与露地不同，由于是人造环境，温、光、水、气、肥等条件需要人为调节和掌控，茬口安排、品种的生育特性要满足常年生产和市场供给的需要，病虫害和杂草的防控需要采用特殊的技术措施，蔬菜产品的质量必须达到国家标准。为了满足广大菜农对设施蔬菜生产技术的需求，我社策划出版了这套《谁种谁赚钱·设施蔬菜技术丛书》。本丛书由江苏省农业科学院组织蔬菜专家编写，选择栽培面积大、销路好、技术成熟的蔬菜种类，按单品种分16个单册出版。

由于编写时间紧，涉及蔬菜种类多，从选题分类、编写体例到技术内容等，多有不尽完善之处，敬请专家、读者指正。

2013年1月

目录

第一章 蔬菜工厂化育苗的设施与设备

蔬菜工厂化育苗是指在现代温室工程设施内，借助精量播种机、施肥机等机械从事蔬菜种苗生产，因此现代化的温室和先进的工程机械是蔬菜工厂化育苗成败的关键因素之一。

育苗设施包括育苗温室、播种车间、催芽室、计算机控制室等，其中最重要的设施是育苗温室。我国工厂化育苗温室按其结构与性能大致可分为 2 类，即日光温室和连栋温室。一般而言，现代温室具备完善的加温、保温、降温和遮阴等系统，能够精确控制种苗不同培育阶段所需的温度等环境条件；配置二氧化碳补充系统，能及时补充温室内二氧化碳浓度以提高幼苗光合作用效率；通过补光系统可提高温室内光照度或调节光周期。

育苗设备包括种子处理、精量播种、基质消毒、水肥一体机、种苗储运等设备，可以保障种苗培育机械化、自动化，减少人工成本支出。

育苗辅助设备主要指苗床、穴盘、移苗机、嫁接机械等。

第一节 工厂化育苗的一般流程

蔬菜工厂化育苗的生产工艺流程形式很多，采用基质育苗的工艺流程为：准备阶段、播种阶段、催芽阶段、苗期管理和炼苗阶段（图 1 - 1）。在准备阶段一般需完成环境消毒、种子处理、基质处理、穴盘消毒等工作；在播种阶段要完成基质搅拌、装盘、打孔、播种、覆盖、浇水等工作；催芽时要将穴盘放入催芽室，并按照不同种子萌发要求，设定昼夜温度、湿度，待60％～

70%的种子萌发时运出催芽室；苗期管理是种苗培育的主要阶段，时间较长，通过温室的环境设定，控制好苗床温度、湿度、光照、水分等条件；在炼苗阶段主要是降低夜间温度，控制基质水分，适当使用防病治虫的农药。

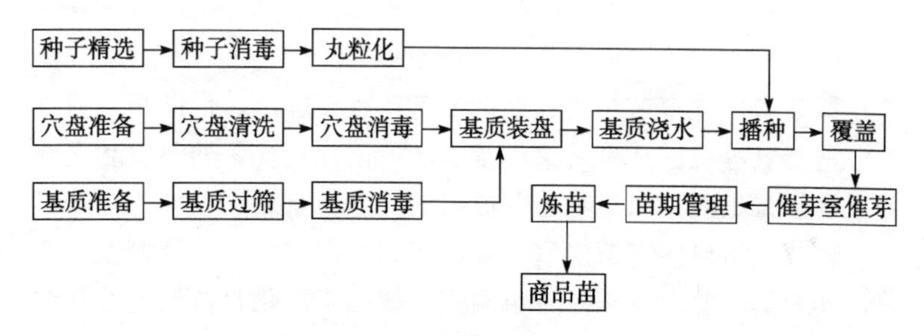

图 1-1　蔬菜工厂化育苗生产工艺流程

在蔬菜工厂化育苗过程中，特别需要重视以下四个环节：

（1）消毒。消毒包括育苗环境消毒，也包括基质、穴盘等消毒。工厂化育苗对育苗环境要求比较高，由于种子带毒、穴盘等反复使用或其他因素影响，对育苗环境造成污染，导致病虫害残留积累，影响种苗质量，增加病虫害防治成本。因此，每次育苗前或一个周期后，都要对育苗温室环境消毒，尽量减少病虫害对秧苗的影响。环境消毒可以采用熏蒸和药液喷雾等方式：如 1 000 米^3 温室，可用 0.8 千克甲醛、0.8 千克高锰酸钾加到 4～5 千克开水中，烟雾熏蒸 48 小时；或在温室使用前 10～15 天，按 1 000米^3 用 2.5 千克硫黄粉、0.25 千克敌敌畏和 5 千克锯末混合后分散点燃熏蒸 24 小时；也可用 40%福尔马林 100 倍液，对温室全面喷雾，包括墙体、地面、苗床架等。对基质装填环境可用高锰酸钾 2 000 倍液或 70%甲基托布津可湿性粉剂 1 000 倍液喷雾杀菌。对循环利用的穴盘消毒，一般先用清水洗净后通风晾干，再结合温室熏蒸消毒或单独在密闭房间熏蒸消毒，也可用 70～80℃水蒸气高温消毒。

（2）播种。批量播种一般采用精量播种生产线自动化播种，精量播种生产线一般包括穴盘自动解垛机、基质装填机、真空播种机、自动洒水覆土机和积盘机，将预处理的种子装入真空播种机，由自动流水线完成全部播种流程。工作人员在播种前，根据所播种子的不同和育苗要求，选用不同规格穴盘，装填到自动解垛机上，调节真空播种机播种程序，符合穴盘规格，调节好播种速度和压穴深度，即可开始播种。播种过程中，工作人员要及时加添穴盘和基质，及时检查真空播种机，防止播种机吸孔堵塞，影响播种精度，同时还要及时添加种子。采用精量播种生产线，播种精度高，速度快，减少劳动力，提高了工作效率。一般每小时可播种700～1000盘，7万～10万粒种子，播种精度在95%以上。当种子批量小，或不适宜使用精量播种生产线播种时，也可采用人工播种。当连续播种不同作物、品种时，每个品种播完后，要及时清理剩余种子，以防止机械混杂，影响种苗质量，每个品种都要在穴盘上或苗床上做好标注，建立生产档案以备查。

(3) 催芽。种子播入穴盘，即可开始催芽，冬春季温度较低时，可利用催芽室催芽。利用催芽室催芽，可直接将播好种子的穴盘放到可移动的穴盘架上，推入催芽室，根据不同品种、作物发芽需要，调节催芽室温度、湿度在适宜范围内，开始催芽。夏秋季温度较高时，可将播种后的穴盘直接放到育苗温室的苗床架上，利用温室温度进行催芽。催芽时可在穴盘上覆盖一层塑料薄膜或无纺布，起到保湿的作用。

(4) 养护管理。种子经催芽出苗后，即可进入育苗温室生长管理，包括水分管理、温度管理、光照管理、养分管理、病虫害防治等内容。利用育苗温室育苗，是在外界气候条件不利的情况下人工创造有利于蔬菜种苗生长的生态环境，需要一定的能耗。如冬春季育苗，夜间温度低，需要对温室进行加温处理，夏秋季育苗，白天温度高，需要对温室进行降温处理，连续阴天寡照时，还需要补充光照。因此，在种苗生长管理过程中，要综合充分利用温室设施装备和自然条件，尽量减少能耗支出，降低育苗成本，提高经济效益。

第二节　蔬菜工厂化育苗设施及装备

1　育苗温室

育苗温室是蔬菜育苗的主要场所，是工厂化育苗的主要生产车间。育苗温室应当满足种苗生长发育所需要的温度、湿度、光照、水分等条件，因此育苗温室设施配置应该高于普通的栽培温室，除了具备通风、帘幕、降温、加温等系统外，还应装备苗床、补光等特殊设备，保证种苗能够正常生长。

我国蔬菜工厂化育苗温室按其结构与性能大致可分为日光温室和连栋温室。

1.1　日光温室

日光温室是我国北方特有的一种以太阳光为主要能量来源、用透明塑料薄膜覆盖、单屋面朝南采光的温室。日光温室一般坐北朝南，东西向延伸。北面墙体等围护结构具有保温、蓄热的双重功能，单屋面夜间覆盖保温被、草帘等保温覆盖物，最大限度采光蓄热，最小限度散热，充分利用光热资源，在冬季基本不加温。

1.1.1　日光温室的分类

日光温室可以分为单斜面和非对称双斜面日光温室。单斜面日光温室又称琴弦式日光温室。其东、西、北三面为墙，南面为倾斜透光屋面，无后坡，结构简单，造价低，光照好，是发展较早的温室。由于其南北跨度仅 3～5 米，温室内温度变化快，因此现在使用较少。非对称双斜面温室是单斜面温室的改进型，亦称节能日光温室。由于增加了后屋面高度和温室跨度，使室内温度变化趋于平稳。节能日光温室的最大优点是经济实用，采光、保温效果好。利用日光温室进行蔬菜穴盘育苗虽然在环境调控、机械操作、受光均匀程度以及土地利用率等方面不如连栋温室优越，但在北方地区冬季却能节约能源，降低生产成本；在夏季降温时可以增加水帘风机，满足幼苗生长的需求。作为育苗专用温室，适当加大跨度有利于环境调控、增大育种面积和充分利用设备，通常日光温室南北跨度6～8米。将温室内部地面下挖0.5米，可以更好地提高温室内温度和保温效果。在山东寿光，用于育苗的日光温室下挖深度达2米，具有冬暖夏凉的效果，冬季育苗基本不需要加温就能保证幼苗安全过冬。

1.1.2　日光温室的建造

相对普通大棚而言，日光温室建造成本较高，使用寿命可长达5～10年，因此在规划、设计、建造日光温室时，要充分考虑温室的采光保温性、建造成本、空间操作利用、结构牢固性等因素。温室的屋面角决定了温室的采光性能，合理的屋面角是当地的地理纬度减去6.5°。如我国华北地区，平均屋面倾斜角度要达到25°以上，后屋面仰角要达到35°～40°，这样有利于后墙受到阳光照射，采热蓄能，东西方向偏斜角度不宜超过7°；此外，温室的高度与跨度有一定关系，温室高度与跨度还受屋面角和仰角的技术要求制约，一般跨度越大，高度越高。一般跨度6米、7米、8米、10米、12米的温室，对应的矢高要达到2.5～2.8米、3.0～3.1米、3.3～3.5米、3.9米、5.5米；后墙高度一般以1.8米为宜，太低影响操作，太高影响保温；温室的长度一般50～60米，不低于30米（否则单位造价较高），不超过100米（否则不便于温度控制管理）；温室后墙体的材质与厚度决定温室保温蓄热的功能，在黄淮地区，土墙厚度应达到0.8米以上，华北地区要在1.5米以上，砖结构的空心异质材料的墙体厚度要达到0.5～0.8米。

1.1.3　日光温室的性能

日光温室的光照状况受季节、时间、天气状况以及温室的方位、结构、建材、棚膜、管理等因素影响。不同结构和棚膜的日光温室采光量不同，但都存在明显的水平和垂直分布差异：温室白天自南向北光照逐渐减弱，外界光照越强，内部光照差异越大，早晚弱直射光下差异不明显；在垂直分布上，自下而上光照度逐渐增强。温室内温度在各种不同条件下一般都明显高于室外温度，在黄淮及以北地区，严冬季节的旬平均气温比室外高15～18℃，特别是晴天增温明显，中午前后的最大温差一般可达25～28℃；晴天日光温室内的温度变化较明显，12 月和 1 月的最低气温出现在 8 时前后，11 时以前温度上升最快，每小时可上升6～10℃，13 时达到最高值，15 时以后下降速度加快，夜间加盖保温材料后，缓慢下降。

1.2 连栋温室

连栋温室一般由两栋或两栋以上双斜面或拱形屋面温室连结而成，往往采用性能优良的热浸镀锌型钢和透明覆盖材料建造，结构经优化设计而用材较少，坚固耐用，造价较低，透光性好。连栋温室通常面积在 2 000 米^2 以上，规模较大，土地利用率高，内部空间大，便于机械化操作和环境调控，适合蔬菜穴盘工厂化育苗。由于连栋温室的地上部整体透明，无保温覆盖设备，因此在冬季保温和夏季降温所需的能源较大。

（1）连栋温室的特点。连栋温室的优点：①结构简化，增大了室内空间和使用面积；②利于机械化操作；③利于环境条件均衡调控。连栋温室的缺点是积雪不能直接滑落，在建造时须计算积雪载荷。

（2）连栋温室的构型。连栋温室按照屋顶形状可分为对称人字形、非对称锯齿型和拱圆屋面型 3 种类型；按照屋面覆盖材料分为单层塑料膜片覆盖型、双层充气保温覆盖型和硬质透明板材覆盖型。通常情况下，连栋温室单栋跨度为 8～12 米，立柱间距多为 4 米，南北长为 40～60 米，东西连栋数可达 10 栋以上，北面立墙装设水帘，南面立墙装设风机，其余立墙面为硬质透明板材或塑料膜片，温室总高度为4～6米，要求抗风载40～50千克/米^2，抗雪载30～40千克/米^2；顶开窗和侧窗面积根据实际需要的通风面积设置，可以是全屋面开窗，也可以是半屋面开窗，窗口开启通常需要达到45°角；肩高3.5～4.0米或更高，有利于加快室内空气流动、提高加热和降温效果、便于喷灌机、遮阳幕、环流风机等设备悬挂。此外，连栋温室还需要配置内（外）遮阳网系统、施肥灌溉系统、加温系统以及自动控制系统。

（3）连栋温室的骨架。连栋温室骨架由基础、柱、梁（拱架）、门窗和屋顶等组成。为了能够将风荷载、雪载、构件自重等安全传递到地基，连栋温室的基础一般较为复杂，由预埋件和混凝土浇注而成；连栋温室的柱、梁（拱架）都用经热浸锌处理过的矩形钢管、槽钢等制成；门窗和屋顶则为铝合金型材，经抗氧化处理后，轻便美观、密封性好。

（4）连栋温室的覆盖材料。连栋温室的覆盖材料不仅要求具有良好的透光性、较高的密闭性和保温性，还要求具有较强的韧度、耐候性和较低的成本。目前，连栋温室的覆盖材料按原料材质分有玻璃、薄膜、硬质塑料板、软质塑料片等；按原料种类分，有PVC、PE、EVO、PO系膜、氟素膜、PC、MMA等。

2　播种车间

播种车间是进行播种操作的主要场所，通常也作为成品种苗包装、运输的场所。播种车间一般由播种设备、催芽室、育苗温室控制室等组成。

播种车间的主要设备是精量播种机，也常用于放置一部分基质、肥料、育苗车、育苗盘等，因此播种车间要求有足够的空间。播种车间占地面积视育苗数量和播种机体积而定，一般面积为100米^2。播种车间在设计时要注意各个分区划分，要做到空间利用合理，便于基质搅拌、播种、催芽、包装等操作互不影响。

播种车间一般与育苗温室相连，但应避免影响温室采光。播种车间目前多以轻型结构和彩色轻质钢板建造，可实现大跨度结构，提高空间利用率；播种车间的大门高度应在2.5米以上，便于育苗车进出。

3 催芽室

催芽室是为种子萌发创造良好环境的一个可控设施。一般来说，在保证种子质量的前提下，其种子萌发率的高低主要取决于环境条件。利用催芽室能够很好地控制温度、湿度和光照条件，满足种子萌发对环境的要求，因此催芽室的种子萌发率比温室中的种子萌发率高。两者相比，催芽室的优点是种子萌发率高、速度快、均匀度好、占用空间小，不需要为控制适合的温度、湿度而投入过多精力，在催芽完成时将穴盘迅速从催芽室转运到温室苗床。缺点是建造费用高、需要准确掌握不同蔬菜种类所需的不同催芽时间。

小型催芽室可建造在播种车间或温室内，大型催芽室一般需独立建造。催芽室的设计建造，首先应考虑建造规模。决定催芽室规模大小的主要因素有以下几个：①一次性催芽数量要与育苗温室一次性育苗规模相匹配；②是否需要几个不同温度的催芽室；③在规定的时间内需要催芽的数量；④蔬菜种类的数量；⑤穴盘的码放和移动方式。如果催芽室面积设置较大，可采用移动式催芽架；如果催芽室面积较小，可采用固定式催芽架。为保证室内弥雾顺畅、催芽架之间相互不遮挡光照，催芽架层与层之间的距离应保持在30厘米以上。

催芽室的顶棚设计应为人字形。在穴盘架顶层或穴盘车上部应留有足够的空间，以便加湿气雾能顺畅流通，避免水分在穴盘上凝结。催芽室内表面还可用聚氯乙烯薄膜或铝箔、玻璃纤维等材料做防潮层，既可避免因潮湿而降低保温材料的性能，还能保持催芽室内的湿度。

催芽室设计的主要技术指标：温度和相对湿度可控制和调节，相对湿度75%～90%，温度25～35℃，气流均匀度95%以上。主要配备加温系统、加湿系统、风机、新风回风系统、补光系统以及自动控制器等；由铝合金散流器、送风管、加湿段、加热段、风机段、混合段、回风口、控制箱等构成。

（1）温度控制。催芽室内温度由冷热系统控制。在冬季和早春，催芽室必须配置加热系统。给催芽室加温最好是采用独立的热水供热系统，将热水管环绕在催芽室的基部，另外将催芽室喷雾系统中的水源加热也可以起到辅助加温的作用。催芽室还需要配置降温系统：小型催芽室可以在顶棚处安装空调机组，冷空气通过多孔屋面吊顶均匀进入催芽室，以降低室温；大型催芽室的降温系统应选择适合高湿度、低气流环境的降温设备，通过降温机组的运行，将室内的热空气抽走、冷空气送进来，并均匀地分布在室内，以取得降低室温的效果。

（2）湿度控制。催芽室内的湿度主要靠弥雾加湿系统来控制。穴盘在送入催芽室之前，应浇灌适量的水，进入催芽室后不再浇水，而是用喷雾加湿系统来保持催芽室内的湿度。喷雾加湿系统要求雾滴直径为10～50微米，雾滴越细、雾粒分布越好，整个催芽室内的湿度分布就越均匀，使基质湿度保持在最佳状态，既不增加湿度也不降低湿度。另外，还要注意控制催芽室内的气流，使之保持在最低水平，保证室内的湿度分布均匀。在小型催芽室中，采用加湿器加湿即可满足要求；但在面积超过14米^{2}的大型催芽室中，必须使用喷雾加湿系统。喷雾系统可以是高压系统，也可以是气化喷头。喷头的数量应与催芽室的面积相匹配。加湿系统要间歇运行，否则会使催芽室内的湿度过于饱和。

（3）光照控制。催芽室内的光照最好选择使用冷白荧光灯，荧光灯管可水平安装在每层穴盘架的上方，或沿墙壁竖直安装，也可安装在两个催芽架之间。双管灯具的安装间距为1.8～2.2米，可提供约1 000勒克斯的光照度。灯具与穴盘之间的距离至少要有20～25厘米，以避免光照分布不均而导致穴盘干湿不均。催芽室内的光照通常是持续照明，只有在小型催芽室内为减小热负荷才采用间断照明。

此外，控制蔬菜种子在催芽室内滞留的时间也非常重要。如果滞留的时间过长，尤其是在没有光照的情况下，幼苗会迅速伸长而不能使用；如果滞留时间过短，没有达到催芽所要求的时间就将其移植到温室，最后的总出芽率和出芽整齐度都会降低。应根据试验或实践经验来决定不同蔬菜种类或品种在催芽室中滞留的时间。种子萌发从催芽室移出后应立即将其放置在温室苗床上进入育苗阶段。

4 育苗温室的环境控制系统

蔬菜工厂化育苗的环境控制系统包括加温系统、降温系统、保温系统、通风系统、补光系统以及二氧化碳补充系统等。

4.1 加温系统

加温是冬季育苗和调控育苗环境温度的重要措施，我国除热带地区的温室以外，大部分地区的温室冬季育苗均需要加温。加温方式一般有热水管道加温、蒸汽管道加温和热风加温几种方式。热水管道加温系统由锅炉、管道、散热器和控制系统等组成，用于大面积温室加温，通过燃煤锅炉，以循环水为热媒，利用散热管道散热加温。散热管道一般水平铺设在苗床架下。采用热水管道加温，优点是室温均匀，停止加热后室温下降慢，缺点是室温升高慢，一次性投资成本大，燃煤炉渣和烟尘污染环境，运行管理成本高。蒸汽管道加温与热水管道加温系统相似，热媒为蒸汽，要求管道和散热器耐高温、高压、耐腐蚀、密封性好。蒸汽管道加温的优点是升温快、热效率高，但管理要求比热水采暖系统更严格。热风加温系统由热风炉、送气管道、传感器、附件等组成，采用燃油或燃气加温，也可燃煤加温，其优点是升温快，投资少，管理成本低，缺点是停止加热后降温也快，容易形成叶面积水，加温效果不及热水管道加温系统，一般适用于面积小、加温周期短或临时加温的温室。

4.2　降温系统

温室夏季蓄热严重，夏季育苗需要对温室进行降温处理。常见的降温方式有遮阳网降温、湿帘风机系统降温和屋面喷水降温，三种方式可以同时进行，达到降低温室温度，以适应种苗生长的目的。

遮阳网降温有外遮阳和内遮阳两种方式。外遮阳利用遮光率为70%或50%的黑色透气网幕或缀铝膜覆盖于距离顶通风温室顶上30～50厘米处，可降低室温4～7℃，同时可防止作物日灼伤。内遮阳一般采用缀铝膜，兼有遮阳和保温的功能，夏季白天用于遮阳降温，冬季夜间用于保温。采用遮阳网降温要兼顾种苗生长对光照的需求，一般在中午前后采用，不能长时间遮阳降温，否则容易引起植株徒长，降低秧苗质量。

湿帘风机降温系统由湿帘、水泵、供回水管路、风机等组成，利用水蒸气的蒸发降温原理对温室降温。湿帘安装在温室北墙，避免遮光影响种苗生长，风扇安装在南墙，当需要降温时，密闭温室，对湿帘供水，启动风机将温室内空气强制抽出，形成负压，室外空气因负压通过湿帘缝隙被吸入温室内，与湿帘湿润表面进行湿热交换，导致大量水分蒸发，冷却空气，冷空气经温室吸热后经风扇排出，达到降温的目的。湿帘风机降温系统在北方空气湿度低、中午温度最高时，降温效果最为明显，但高湿季节或地区降温效果不明显。采用湿帘风机系统降温简易有效，运行成本低，但空气湿度大，对种苗生长影响较大。

屋面喷水降温由水泵、输水管道、喷头组成，是将水均匀喷洒在屋面上，用来降低温室内空气湿度。其工作原理是水在温室屋面上流动时，水与温室屋面覆盖材料换热，吸收屋面覆盖材料热量，进而将温室内的热量带走；同时，水在流动时，部分水分蒸发降低了水温，强化了水与覆盖材料间的热传导。此外，水在屋面流动，形成水膜，可减少光照辐射量，起到遮阳网的降温效果。

4.3 保温系统

温室育苗环境不仅要求快速达到蔬菜种苗生长发育的环境温度，还要求能维持环境温度，温度在空间上要求分布均匀，时间上要求变化平缓，确保蔬菜种苗在适宜的环境温度下生长发育，同时良好的保温效果还可降低能耗，节约育苗成本，提高经济效益。冬季育苗温室夜间保温主要采取的措施有增加侧保温系统，与顶部内保温系统结合应用，相互密闭，使温室外层覆盖物与内层保温系统间的空气相对密闭，形成空气隔热层，利用空气导热系数低、不对流、辐射散热少的特点，达到保温效果。也可打开内遮阳系统，作为保温层使用，增加顶部保温层，提高保温效果；另外，也可打开外遮阳系统，减少顶部空气对流传热和辐射传热。

4.4 通风系统

温室通风有强制通风与自然通风两种方式，一般大型连栋温室主要采取自然通风方式。自然通风有侧开窗、顶开窗和顶侧开窗 3 种类型，利用温室内外温差形成的空气对流和迎背风面形成的风压进行自然通风。玻璃温室的顶通风多采用双向顶窗系统，侧通风多采用移动式或转动式侧开窗。塑料温室多采用卷帘式。在春秋季节外界温度不高、温室效应明显的晴天，安装湿帘风机的温室，也可单独开启风机强制通风，达到通风降温效果，同时不增加温室湿度。

4.5 补光系统

温室补光系统主要用于弥补冬季或阴雨天光照不足对育苗质量的影响，满足幼苗生长对光照的需求。研究表明，当温室苗床上日光照总量小于 100 瓦/米^2，或有效日照时数不足 4.5 小时/天，就应进行人工补光。目前育苗温室所采用的光源灯主要是高压钠灯，其光通量为 1.6 万勒克斯、光谱波长 550～600 纳米，并选用具有合适配光曲线的反光罩提高补光效果。目前研究的新型光源 LED 灯具有生物效能高、可调节应用不同光质满足幼苗光环境需求等特点，但造价高，目前推广应用较少。

4.6 二氧化碳补充系统

温室是相对封闭的环境，CO_2 浓度白天低于外界，为增强蔬菜幼苗的光合作用，需补充 CO_2。CO_2 施肥的方法有通风换气法、土壤施肥法、生物生态法、化学反应法、液态（钢瓶）CO_2 法、燃烧法。最安全有效地方法是施用液态 CO_2，将 CO_2 贮液罐放在温室内，直接输送 CO_2 到温室中，但成本较高。在荷兰、美国等国家采用 CO_2 发生器，将煤油或天然气等碳氢化物合物通过充分燃烧产生 CO_2，通常 1 升煤油燃烧可产生 1.27 米^{3}的 CO_2 气体。我国一些单位也自行设计了多种设施专用型二氧化碳发生器，具有应用时间可设定、CO_2 浓度易调控、操作方法简便、燃气气源易解决、使用安全、无需人力管理等优点，且使用成本较低。育苗温室最佳 CO_2 浓度为 400～600 微升/升。

5 蔬菜工厂化育苗的生产设备

蔬菜工厂化育苗的生产设备主要有种子处理设备、精量播种设备、基质消毒设备、灌溉和施肥设备、种苗储运设备等。

5.1 种子处理设备

种子处理设备是指育苗前根据农艺和机械播种的要求，采用生物、化学、物理方法处理种子的设备。播种经过处理的种子能提高种子的发芽率和出苗率，促进幼苗生产，减少病虫危害，为蔬菜高产、稳产创造条件。常见的种子处理设备包括种子拌药机、种子表面处理机、种子单粒化机和种子包衣机等，广义的种子处理设备还包括种子清选和干燥设备。现在拥有成套的现代化种子加工设备，已逐步取代了种子处理的单机作业，这种设备拥有自动化的运输系统、控制中心和完善的检验设备，种子处理实现了流水线生产。如上海交通大学研制的基于 RS485 的种子处理成套设备，实现了 PC 机对种子风选机、烘干机、重力选机和包衣机的远程控制、监视和报警等功能，节省了人力物力。最新的研究表明，除传统的种子处理设备以外，使用等离子束处理蔬菜种子，可有效激活种子内能、促使发芽率提高，达到提高产量 10%～15%、改善品质的目的。

5.2 精量播种设备

穴盘自动精量播种生产线是工厂化育苗的重要设备，一般包括穴盘自动解垛机、基质装填机、精量播种机、自动洒水覆土机和积盘机等几部分组成。其中精量播种机是整条播种线的核心设备，主要有针式和滚筒式两种。

国外精量播种设备较为成熟与先进，如美国的布莱克默（Blackmore）、英国的汉密尔顿（Hamilton），荷兰的 Visser、澳大利亚的 Williames、韩国大东机电的 Helper 播种机，均是较为著名的品牌。其中，Blackmore 公司主要生产针式、滚筒式精量播种机；Hamilton 公司有手动（handy）、针式（natural）、滚筒式（drum）3 大系列产品；Visser 公司主要提供半自动、全自动针式和滚筒式的精量播种机；Williames 的产品主要是滚筒式；

韩国的 Helper 精量播种机涵盖了手持式、板式、家用针式、自动针式等。我国在精量播种设备的研制方面起步较晚，目前见诸于报道的仅有河北建筑科技学院研制的振动气吸式穴盘播种机 SZ-200 型、胖龙（邯郸）温室工程有限公司研制的适用于穴盘育苗的播种机 BZ200 型、农业部规划设计研究院、中国农业大学等单位联合研制的穴盘育苗精量播种机 2XB-400 型、江苏大学研制的磁吸式穴盘精密播种机等机型。

（1）针式播种机。针式精量播种机以英国 Hamilton 公司生产的 natural 系列针式精量播种机为典型代表。该机型是自动管式播种机，只须配置几种规格的针头就适播质量不同、形状各异的种子，而且播种精度高。配套动力为空压机，输送胶带为步进式运动，播种速度为 100～200 盘/小时。工作原理是负压吸种，正压吹种，通过带喷射开关的真空发生器产生真空，同时针式吸嘴管在摆杆气缸的作用下到达种子盘上方，种子被吸附。随后，气缸在回位弹簧的作用下，带动吸嘴杆返回到排种管上方。此时真空发生器喷射出正压气流，将种子吹落至排种管，种子沿着排种管落入穴盘中。该机配备 0.5 毫米、0.3 毫米、0.1 毫米针式吸嘴各 1 套，可对不同规格种子进行精量播种。使用时需要根据种子情况，调整真空压力和吸嘴与种子盘距离等参数。为防止种子中的杂质堵塞吸嘴，该机还配置自清洗式吸嘴（0.3 毫米）1 套。针式精量播种机在欧洲和美国应用比较广泛，其主要特点是操作简便、适应面广、省工省时。

（2）滚筒式播种机。滚筒式播种机的穴盘输送带行走速度和滚筒转动速度一样，均为连续运动。Hamilton 公司生产的滚筒式播种机的播种头，利用带孔的滚筒进行精量播种，工作原理：种子由位于滚筒上方的漏斗喂入，滚筒的上部是真空室，种子被吸附在滚筒表面的吸孔中，多余的种子被气流和刮种器清理。当滚筒转到下方的穴盘上方时，吸孔与大气连通，真空消失，并与弱正压气流相通，种子下落到穴盘中。滚筒继续滚动，且与强正压气流相通，清洗滚筒吸孔，为下一次吸种作准备。该机由光电传感器信号控制播种动作的开始与结束，滚筒转速可调，速度可达 800～1 200 盘/小时，非常适合常年生产某一种或几种特定品种的大型育苗生产。使用时，应定期清洁滚筒和吸孔，不能使用含油的工具，以免影响吸种和排种。

5.3 基质消毒设备

基质是设施栽培决定植物生长环境的最主要因素之一，也是病虫害传播的媒介和繁殖场所。随着工厂化农业的成型，无土栽培面积不断扩大（据统计，世界上 90%的无土栽培形式为基质栽培），同时工厂化生产需要大量无土基质，消毒基质成为无土栽培的基础。但是，栽培生产用的基质在经过一段时间的使用后，由于受空气、灌溉水、前茬种植过程滋生的病菌以及基质本身带有的病菌等逐渐增多的影响，易使后茬作物感染病害。目前基质消毒的方法主要有药剂消毒和高温消毒。药剂消毒主要利用敌克松等药剂对基质进行消毒，方法比较简单，但不容易杀灭基质中的杂草种子，且药剂存在环境污染，因而此方法已逐渐被淘汰；高温消毒主要包括日光消毒、水煮消毒和蒸汽消毒等，日光消毒需要日照，且消毒周期长；水煮消毒在水煮后必须烘干和晾晒，且机械化程度不高，移动不方便。利用蒸汽消毒是目前常见的基质消毒方法。

基质消毒装备的研究主要集中于蒸汽消毒法，在 20 世纪 50 年代，英国就有较详细的研究数据，主要分为牵引式、自走式、车上搭载式。日本还生产过专用的移动式全自动蒸汽消毒机。国内曾使用过蒸汽消毒防治枯萎病、黄萎病、根腐病、根结线虫，有很好的防效。浙江大学与企业合作一直对基质蒸汽消毒机进行研究和开发，主要利用蒸汽锅炉产生的高温高压蒸汽，通过蒸汽管将蒸汽通入消毒小车，对基质进行高温蒸汽消毒。金华市职业技术学院研制的设施园艺基质消毒设备主要由基质输送提升装置、卧式燃油锅炉、基质消毒小车等组成，主要技术指标：蒸汽产量100千克/小时；蒸汽额定工作压力0.8毫帕；消毒生产率大于2米^3/小时。

5.4　灌溉和施肥设备

灌溉和施肥是种苗生产的核心环节，其设备通常包括水处理设备、灌溉管道、贮水及供给水系统、灌溉和施肥设备。

（1）水处理系统。根据水源水质的不同选用不同的水处理设备。以雨水和自来水作为灌溉用水时，只要安装一般的过滤器；以河水、湖水或地下水作为灌溉用水时，应该根据pH、EC和杂质含量的不同，配备水处理设备。水处理设备通常由抽水泵、沉淀池、过滤器、氢和氢氧离子交换器、反渗透水源处理器、加酸配比机等组成。

（2）灌溉系统。目前温室的灌溉系统有管道灌溉系统、滴灌系统、微喷灌系统等多种类型。管道灌溉系统是直接在供水管道上安装一定数量的控制阀门和灌水软管，并手动打开阀门，这是目前温室中最常用的灌溉方法。灌水软管一般采用软质塑料或橡胶管，如PE软管、PVC软管、橡胶软管、涂塑软管等。这种灌溉系统具有适应性强、安装使用简单、管理方便、投资低、无堵塞等优点，但存在劳动强度大、灌溉效率低、难以准确控制灌水量、无法随灌溉施肥和加药等不足。滴灌是指利用灌水器以点滴状或连续细小水流等浇灌的灌溉方式，滴灌系统的灌水器常见的有滴头、滴灌管、滴灌带、多孔管等。在温室中采用滴灌具有省工、省水、节能、适应范围广、能随水追肥或喷药、易于实现自动控制等优点，不足之处是设备投资较高、系统抗堵塞性能差。微喷灌系统是指利用灌水器以喷洒水流浇灌作物的灌溉系统。常见微喷灌系统的灌水器有各种微喷头、多孔管、喷枪等。温室中一般将微喷头倒挂在温室骨架上实施灌溉，以避免微喷灌系统对其他作业的影响，该系统具有省工、省水、节能、增湿降温、能随水追肥或喷药、易于实现自动控制等优点，缺点是在低温潮湿季节容易产生过高湿度而使作物病害增加。此外，温室自行走式喷灌机是大型育苗工厂常见的一种灌溉系统，实质上也是一种微喷灌系统。工作时，自行走式喷灌机运行在悬挂于温室骨架上的行走轨道上，通过安装在喷灌机两侧喷灌管上的微喷头实施灌溉作业，通常还配有施肥或加药设备，以便利用其对作物进行施肥或喷药作业；同时，采用可更换喷嘴的微喷头，以便根据作物或喷洒目的的不同选择合适的喷嘴作业。

（3）施肥设备。在蔬菜工厂化育苗时，施肥设备往往与灌溉设备合二为一，在灌溉过程中，随水配制一定浓度的肥料溶液喷施。

5.5 种苗储运设备

种苗的包装和运输是种苗生产过程的最后一道程序，对种苗企业而言非常重要，如包装或运输方法不当，可能造成较大的损失。

种苗的包装设计包括包装材料的选择、包装设计和装潢、包装技术标准等。种苗包装设计应根据种苗的大小、育苗盘规格、运输距离长短、运输条件等确定包装规格尺寸、包装装潢和包装技术，包装标志必须注明种苗种类、品种、苗龄、叶片数、装箱容量、生产单位，每个穴盘在进入包装箱之前应该仔细检查标签是完整、正确。

包装箱多为多层包装纸箱，一般可放置 4～6 个穴盘，采用纸板分层叠加，内隔层纸板需经防潮处理，可避免因潮湿造成穴盘挤压。包装箱应注意在箱外标注“种苗专用箱”、“向上放置”等标记，并设置种苗标签粘贴处，注明品种、数量、规格等。

种苗的运输设备有封闭式保温车、种苗搬运车辆、运输防护架等；根据运输距离的长短、运输条件等选择运输方式；种苗运输过程中，经过包装的种苗放在运输防护架上，这样不仅装卸方便，而且能保证在运输过程中种苗种于适宜的环境，减少运输对苗的危害和损失。运输车辆尽可能使用冷藏车，运输途中温度尽量接近目的地自然温度，冬季5～10℃，不得高于15℃；空气相对湿度保持在70%左右；其他季节运输温度15～20℃，不得高于25℃；空气相对湿度保持70%～75%。

第三节　育苗辅助设备

1　苗床

苗床是蔬菜工厂化育苗过程中必不可少的重要辅助设备，种子经播种、催芽后即放置在苗床上进行绿化。育苗温室中苗床的设置以经济有效地利用空间、提高单位面积种苗产出率、便于机械化操作为目标，选材以坚固、耐用、低耗为原则。苗床可分为固定式和移动式两类。

（1）固定式苗床。固定式苗床主要由固定床架、苗床框以及承托材料等组成。床架用角铁、方钢等制成，育苗框多采用铝合金制作，承托材料可采用钢丝网、聚苯泡沫板等。固定式苗床一般位置相对固定，作业时较为方便，但每两条苗床间均需预留50～60厘米宽的走道，使育苗温室的利用率相对较低，苗床面积一般只有温室总面积的60%～65%。

（2）移动式苗床。移动式苗床的床架固定，育苗框可通过滚轴任意移动苗床，在设计时需要预留一条走道，大幅度提高了育苗温室的有效利用率，最高可达90%以上。但移动式苗床与固定苗床相比，制作工艺、材料强度等要求高。移动式苗床目前普遍采用手动驱动方式，其操作简单，移动方便，苗床边框为铝合金，支架部分的钢管和苗床网都采用热镀锌工艺，保证能在潮湿环境下长期使用；此外，为防止由于偏重引起的倾斜，移动式苗床常设有限位防翻装置。

2 穴盘

穴盘是蔬菜工厂化育苗的主要载体，由于穴盘苗出苗快、幼苗整齐、整齐率高、节省种子量，苗龄短、幼苗素质好、根系发达、完整、移栽时伤根少、缓苗快，苗床面积小、管理方便、便于运输，因此在蔬菜工厂化育苗过程中被大量采用。

20 世纪 90 年代中期以前，我国所使用的穴盘多从欧美或韩国引进，90 年代中后期起所用的穴盘 90%以上实现了国产化。生产穴盘的材质一般有聚乙烯注塑、聚丙烯薄板吸塑和发泡聚苯乙烯 3 种。穴孔的形状有圆形和方形 2 种，国内厂家生产的有方口盘和圆口盘 2 种，通常尺寸为 54 厘米×28 厘米，规格有 50 孔、72 孔、128 孔、200 孔等。

在使用穴盘育苗过程中需要特别注意的是，由于种苗的根系被穴盘限制在狭小的空间内，吸水吸肥受到一定限制，苗与苗之间相互遮阴，容易造成徒长，降低种苗质量，育苗时要根据不同蔬菜种类与育苗季节合理选择不同规格育苗穴盘(表1 -1)。

表 1-1 几种不同蔬菜穴盘育苗的苗龄大小与穴盘规格

蔬菜种类	苗龄	穴盘规格
辣椒	7～8 叶	128 孔穴盘
茄子、番茄	6～7 叶	50 或 72 孔穴盘
叶用莴苣、甘蓝类蔬菜	2 叶 1 心	392 孔穴盘
	5～6 叶	128 孔穴盘
	6～7 叶	72 孔穴盘
芹菜	4～5 叶	200 孔穴盘
甜瓜、西瓜、黄瓜	3～4 叶	50 或 72 孔穴盘
夏季甘蓝、花椰菜、茄子	4～5 叶	128 穴

3　种苗转移车

种苗转移车包括穴盘转移车和成苗转移车。穴盘转移车将播完种的穴盘运往催芽室，车的高度、宽度根据穴盘尺寸、催芽室空间和育苗数量确定。成苗转移车采用多层结构，根据商品苗高度确定放置架的高度，车体可设计成分体组合式，以利于不同种类园艺作物种苗的搬运和装卸。

4　种苗分离机

种苗分离机的作用是在不损伤种苗、保证育苗基质完整的前提下，快速将种苗从穴盘中取出。种苗分离机有横杆式和盖板式两种，横杆式种苗分享机适合株型较高的种苗脱离穴盘。

5　移苗机

移苗机或移苗机器人的研发，是实现蔬菜育苗工厂化生产和移栽机械化作业的育苗生产新模式。我国栽植机械的研究始于20世纪80年代，常见的移栽机主要有钳夹式、链夹式、挠性圆盘式、吊杯式、导苗管式、输送带式、空气整根营养钵育苗移栽机等，但应用于蔬菜幼苗自动化移栽的成熟设备还比较少见。

中国农业大学研制的生菜移栽机可实现从密盘向疏盘的自动移苗，移苗效率比手工移苗提高3～4倍。该移栽机主要由密苗盘输送机构、疏苗盘输送机构、移苗机构组成；工作原理是将装满移栽苗的密苗盘和空的疏苗盘分别放在密苗盘传送带和疏苗盘传送带上面，传送带分别将密、疏苗盘向工作位置输送，当到达指定位置时，连接在移苗气缸端部的6组针随之扎入6棵苗的基质中，完成拔苗；移苗机构向疏苗盘方向移动，当运动到栽苗位置时，机械手臂伸出，苗被栽入相应的孔穴，完成一次移苗。吉林农业大学研究了一种空气整根自动移苗机，根据温室生产特点，温室全自动移栽机采用双秧盘结构与秧盘输送带结构2种形式，双秧盘形式的下部不是输送带，而是一个大的秧盘框，育苗秧盘位于上部，由全自动落苗机构将秧苗移植到下部大秧盘或输送带上的花盆中。

6 嫁接机械

嫁接栽培是克服作物连茬病害和逆境的最有效途径之一，嫁接苗一般表现为根系发达，具有植株生长势强、延长生长期与减轻病害等优点，现已广泛应用于黄瓜、西瓜、甜瓜、茄子、番茄等栽培，因此，嫁接育苗也是蔬菜工厂化育苗的重要工艺。

为了解决手工嫁接效率低、劳动强度大、嫁接苗生长差异大等问题，日本从 1986 年开始对机械自动嫁接进行了研究，主要采用斜接法、切断法和圆锥插接法等；中国农业大学率先在国内开展了蔬菜自动嫁接机器的研究，1998 年研制出 2JSZ－600 型瓜类蔬菜自动嫁接机，利用传感器和计算机图像处理技术，实现了嫁接苗子叶方向的自动识别、判断，能自动完成砧木、接穗的取苗、切苗、接合、固定、排苗等。东北农业大学从 2004 年开始研制瓜类蔬菜嫁接机，先后有 2JC－350 型嫁接机、2JC－400 型嫁接机、2JC－500 型旋转嫁接机，在嫁接工艺上采用了插接法，插接牢靠、不需要夹持物、后期养伤愈合快等优点，且生产成本控制在 5 000 元左右。

第二章

蔬菜种子检验与处理

优良的蔬菜品种和健康优质的种子，是获得稳产高产的基本保证。无论何种育苗方式，都要求蔬菜种子具有优良的遗传性状、较高的发芽率、整齐的发芽势等，工厂化、规模化育苗，对蔬菜种子的质量要求更高。在播种育苗前，为改善种子质量，提高播种速度和效率，培育优质的种苗，需要对种子进行一些加工处理，以达到上述目的。

第一节　蔬菜种子的质量与检测

1　种子质量的概念

种子的质量不仅关系到出苗整齐与否、抗逆性强弱，而且关系到增产的潜力，是丰产优质的保证。不论是传统农业还是现代农业，种子的优劣对生产的成败、产量和效益等都起着决定性的作用，尤其是在蔬菜穴盘育苗中采取自动化播种作业时，对种子质量的要求更高。

种子质量是衡量种子优劣程度的术语。蔬菜种子的质量，狭义上的概念是指种子的纯度、净度、发芽率及水分等国家规定的检验内容，不同蔬菜作物的质量标准国家均有明确的规定。广义上讲，种子质量的概念还包括：品种的特征特性——品种的丰产性、产品品质、抗性、适应性等；种子的外观商品性——种子的色泽、饱满度、种子大小的一致性、是否包衣或丸粒化等；是否携带病虫害等。

2 影响种子质量的因素

影响种子质量的因素主要有品种的特征特性、种子生产过程与后期加工处理等方面。

种子的遗传潜力和优良品性是种子质量的核心。育种家在培育蔬菜品种时，会依据品种的用途以确定品种选育的方向，通常要综合考虑品种的综合抗性、丰产性、产品的品质与外观商品性、消费习惯、栽培方式以及遗传的稳定性等各个方面的特征特性，以培育适宜生产上推广应用的优良品种。同时还要研究具体品种的高产、高效栽培技术，做到良种与良法相互配套，充分发挥品种的优良特性，最大限度地提高种植者的经济效益。

种子生产是种子质量的基础。种子质量在种子生产中主要受生长环境、栽培技术、授粉技术、采收时期和采收方法等因素的影响。种子的发育从授粉开始，即花粉在柱头上萌发，进入胚珠和卵细胞进行有性融合，快速分裂，形成种胚。一朵花可以有多个胚珠，但不是每个胚珠都能受精。在种子发育初期，母株就开始向种子提供激素和养分，种子重量快速增加，其含水量降到约50%，至此种胚不再进行细胞分裂，种子的结构已完全形成。在种子成熟阶段，含水量会降到10%～20%，种子干重相对恒定。种子成熟后在种脐基部形成木栓层并与母体断开，进入采收期。由于植株间及同植株的不同器官间总是存在着对水分、营养和光照等生长条件的竞争，所以健康的母株只有在良好的环境和栽培条件下，才能使受精的胚珠良好发育，结出健康、优质的种子。在养分或水分缺乏以及光照水平低的条件下，母株将不能为种子发育提供充足的养分，导致种子个体小、活力低。在水分和养分都过剩的生长条件下，营养生长过盛，导致开花量不够，不能满足种子生产的要求。种子生产地点的选择、温度和光照条件具备对母株的健康、生长期的长短、种子的生活力和活力都有重要的影响。生长温度较低会阻止授粉和种子的正常发育。如果在采收期遇到降水，就可能出现病害等问题，如果种子是在成熟前采收，则会出现形态小、不成熟和活力低的症状；如果种子成熟后推迟采收，会因脱落、鸟和虫的食用而使种子受到损失，还可能会因气候因素的影响而丧失活力。种子采收可由人工或机械完成。无论采取哪种方式，必须将成熟的与未成熟的或劣质的种子分开，使种子的规格统一，便于播种和更好地出苗。

种子的加工处理是种子质量进一步提高的处理方式，根据不同作物、品种以及具体种子批次的种子质量状况和种子质量要求，采取不同的处理方法，以达到提高种子质量的目的。

3 种子质量的检测

种子质量检测包括种子真实性、品种纯度、净度、发芽力（生活力）、活力、千粒重、容重、种子水分和健康状况等。一般国内在种子质量分级标准中是以纯度、净度、发芽率和水分四项指标为主；而国外一般从物理质量（净度）、遗传学质量（纯度）、健康质量（致病生物）、生理质量（生活力、发芽力、活力）等四个方面进行。下面主要介绍国外的种子质量检测方法。

3.1 物理质量

物理质量主要指净度，即种子批中扣除其他作物种子和杂质后净种子的比例，主要通过表观检测。

$$\text{种子净度（\%）}=\frac{\text{供试样本总质量}-\text{（杂质质量}+\text{杂种子质量）}}{\text{供试样本总质量}}\times 100\%$$

3.2 遗传学质量

遗传学质量主要指种子的纯度，即品种典型一致的程度。这个标准反映了种子批的真实性，是衡量种子批中其他品种种子、“假杂种”混杂情况的标准。检测方式主要有种植试验和分子标记两种方法。

$$种子纯度（\%）=\frac{供试样本总量-杂种子质}{供试样本总量}\times100\%$$

3.3 健康质量

种子健康要求种子没有致病生物（包括病原菌、真菌、细菌、病毒、害虫）。特别需要注意的是，对于某些没有种子检疫证的种子批，必须取出一定数量的样品进行检测，在没有检疫病虫害的情况下，才可以进行生产和销售。

3.4 生理质量

种子生理质量的检测包括生活力、发芽力、活力等指标检测。

生活力指种子发芽的潜在能力或种子胚所具有的生命力。有生活力的种子具有足够活的细胞组织，一旦去除休眠和满足必需的环境条件，它就具备发芽的能力。种子生活力测定方法有生物化学法、组织化学法、软X射线法和荧光分析法四类，其中生物化学染色法是国际种子检验规程中种子生活力测定的主要方法，主要有四唑（2，3，4-氯化三苯四氮唑）染色法。

$$生活力（\%）=\frac{有生活力的总胚}{供试样本总数}\times100\%$$

发芽力指种子在一定条件下发芽并长成正常植株的能力，通常用发芽势和发芽率来表示。发芽势是在规定日期内（发芽试验初期）正常发芽种子数占供试种子数的百分率；发芽率是在发芽试验终期全部正常发芽种子数占供试种子数的百分率。生产上对于种子发芽力的检测主要通过田间测定或试验测定。

种子活力是指在各种环境条件下，种子批的活性和综合表现水平（包括种子发芽率和整齐度，以及幼苗生长；种子在不利环境条件下的出苗能力；种子储藏后的表现），高活力的种子批即便在不适宜该作物生长的田间条件下，仍具有良好表现的潜力。同样是发芽率高的种子批，当它们面临同种胁迫条件时，可能会表现非常不一致，原因是种子劣变发生后的很长一段时间都无法通过标准发芽实验检测到。关于活力检测的方法不同组织有不同要求，如 1995 年 ISTA（国际安全运输协会）在《活力测定方法手册》中推荐了 2 种种子活力测定方法，即电导率测定、加速老化试验；同时建议了 7 种种子活力测定方法，即抗冷测定、低温发芽测定、控制劣变测定、复合逆境活力测定、希尔特纳测定、幼苗生长测定和四唑测定。

第二节　蔬菜种子的处理技术

种子处理是提高种子质量及其播种质量的有效措施。种子处理包括物理法、化学法和生物法。物理法主要是对种子进行温度处理、电场处理、磁化处理和射线处理等；化学法是利用杀虫剂、杀菌剂和其他化学制剂对种子进行处理；生物法是利用有效微生物对种子进行处理。在蔬菜工厂化育苗过程中，为了能够促使种子发芽快而整齐、幼苗生长健壮，在播种之前往往对种子进行不同方法的处理。

1　种子处理的作用

种子处理可使种子和幼苗免遭栖居土壤中的病原菌侵袭，可以抑制种子表面带菌，从而减少后期病虫害防治药剂的用量和费用，大大降低成本，减少对非目标生物的不利影响和天气变化的影响；种子处理还可以打破 2 种形式的休眠，即因种皮（或果皮）坚硬不能正常吸水而产生的休眠和因种子内部生理状态所造成的休眠；通过水分、PGR（植物生长调节剂）及种子丸粒化时加入营养物质等处理方法，可有效促进种子发芽。种子处理的丸粒化技术，改变种子的形状大小，形成整齐一致的小球状，有利于精量播种机播种。种子包衣采用偏二氯乙烯（PVDC）聚合膜对种子包膜处理可有效防止种子衰老劣变。

2 种子处理技术

2.1 物理法处理

温汤浸种：根据种子的耐热能力比病菌的耐热能力强的特点，用较高的温度杀死种子表面和潜伏在种子内部的病菌，并兼有促进种子萌发的作用。进行温汤浸种，应根据各作蔬菜种子的生理特点，严格掌握浸种温度和时间。

层积处理：包括低温层积处理和变温层积处理。低温层积处理是在低温环境中（通常 3～5℃），将种子和沙子分层堆积的一种处理方法，可以有效打破种子的胚休眠；变温层积处理是指用高温（15～25℃）与低温（0～5℃）交替进行催芽的一种种子处理方法，可以缩短层积处理时间。

射线处理：利用 α、β、γ、X 射线、激光等低剂量辐射种子的处理方法。如甜菜种子经激光处理后产量提高 20%，甜瓜早熟 15 天，且糖分和维生素含量显著提高。

电场处理：利用低频电流处理和静电对种子进行处理。经电场处理后的种子种皮透水性和酶活性均增强，可以显著提高种子的活性。

除此以外，物理因素处理种子的方法还包括磁场处理、等离子体处理、红（紫）外线处理等。

2.2 化学法处理

肥料浸拌法：使用硫酸铵、过磷酸钙等肥料或人工培养的根瘤菌、固氮菌等菌种制成粉剂拌种。如对于大豆种子，用根瘤菌粉剂处理以后，能促进根瘤菌的快速形成；硫酸铵处理种子后可促进幼苗生长，增强抗寒能力。

药剂处理：不同作物的种子上所带病菌不同，处理时应合理选用药剂，并严格掌握药剂浓度和处理时间。药剂处理的方法主要有浸种（种子浸在一定浓度的药液里）、拌种（干燥的节药粉与种子在播种前混合搅拌）、闷种（药液浸湿种子，然后加覆盖物闷熏）、熏蒸（有毒气体进行杀虫和灭菌）、热化学法（热的药液处理种子）、湿拌法（极少量的水药液弄湿，然后拌种）等。

植物生长调节剂处理：用植物生长调节剂激发种子内部酶活性和内源激素，以促根生芽的种子处理方法。常用的生长调节剂有赤霉素、三十烷醇、九二〇增效剂等。

微量元素处理：利用微量元素浸种或拌种，不仅能补偿土壤养分的不平衡，而且方法简单方便，经济有效，目前广泛使用的微量元素有硼、铜、锌、锰、钼等。

2.3　几种新型的种子处理方法

（1）高级种子精选技术。除了常规的种子精选技术如粒选、筛选、风选等以外，很多技术或新的参数都可以用于种子的精选，其效果更为有效。

液体密度分离法：使用非水溶液介质的液体对种子进行密度分离，从而达到精选的目的。这种方法在荷兰盈可泰公司已经有将近 20 年的历史，其优点在于使用范围很广，种子分离后无需再进行干燥。

叶绿素分选法：根据未成熟的种子比成熟种子有更高的叶绿素含量的特性，通过观测种子中的叶绿素含量来分离出未充分成熟的种子。这种方法已在甘蓝、辣椒等蔬菜作物种子的精选上使用，但其局限性在于只有应用于种皮可透视的种子。

（2）种子包衣技术。利用黏着剂将杀菌剂、杀虫剂、染色料、填充剂等非种子材料附着在种子表面，达到使种子球形或基本保持原有形状，提高其抗逆性、抗病性，加快发芽，促进成苗，增加产量，提高质量的一项种子处理新技术。种子包衣技术按种子大小可以分为两大类，即种子包膜和种子丸粒化，分别适用于大（中）粒种子和小粒种子。

种子包膜：利用成膜剂将杀菌剂、杀虫剂、微肥、染料等非种子物质包裹在种子表面，形成一层薄膜。

种子丸粒化：利用黏着剂将杀菌、杀虫剂、微肥、染料、填充剂等非种子物质附着在种子外面，并做成大小、形状类似的球形单种子。

（3）种子引发。种子引发也称为渗透调节，是一项控制种子缓慢吸水和逐步回干的种子处理技术。经过引发处理的种子，活力增强，抗逆性增加，耐低温，出苗快而齐（表 2-1）。种子引发技术最早由英国的 Heydecker 教授于 1975 年提出，并成功处理了洋葱和胡萝卜种子，我国于 20 世纪 80 年代才开始相关研究，但生产上没有大面积推广应用。

表 2-1　几种种子经引发处理后的表现

蔬菜种类	性状表现
番茄、辣椒	提高出苗整齐度，增强抵抗温度胁迫（低温、高温）能力
茄子	打破休眠，提高出苗整齐度
甘蓝	打破休眠，增强抵抗温度胁迫（低温）能力
芹菜、胡萝卜、洋葱、韭菜	提高出苗整齐度、出苗速度，增强抵抗温度胁迫（低温）能力
叶用莴苣、菊苣	打破休眠，提高出苗整齐度
菠菜	提高出苗整齐度、出苗速度，通过春化
甜瓜	提高出苗整齐度，增强抵抗温度胁迫（低温）能力

种子引发常用的方法有液体引发、固体基质引发、滚筒引发和生物引发。

液体引发：以溶质作为引发剂，将种子置于用溶液湿润的滤纸上或浸于溶液中，通过控制溶液的水势，调节种子吸水量。常用的溶质是乙二醇（PEG）。

固体基质引发：通过种子与固体颗粒、水，以一定比例在闭合的条件下混合，控制种子吸胀达到一定的含水量，但防止种子胚根的伸出。常用的固体基质有片状蛭石、页岩、黏土、合成硅酸钙等。

滚筒引发：通常用PEG或其他药剂作为引发溶液，种子通过半透性膜从渗透溶液吸收水分，保持种子内的水势处于一定水平。

生物引发：利用有益真菌和细菌作为种子保护剂，让其大量繁殖，布满种子表面，使幼苗免受有害菌的侵袭。

需要注意的是：①种子引发从理论上讲适用于所有种子，但是需要考虑成本，因此目前主要应用于蔬菜和花卉种子；②种子引发可以看作种子老化的过程，可能会影响种子的寿命，因此不适用于陈种子或低质量的种子；③引发需要在严格控制的条件下进行，只能使用验证过的处理方式，要避免过引发、甚至发芽而导致的损失；④引发处理后，适当的干燥和储藏条件非常重要。

第三节　常见蔬菜种类的种子处理技术

1　茄科蔬菜常见病害与种子处理

茄科蔬菜病害种类较多，有些病害为茄科蔬菜共有，如苗期猝倒病、青枯病、立枯病、白绢病和花叶病等，也有些病害仅为一种蔬菜所有，如茄子褐纹病。在东北地区，茄子黄萎病、番茄病毒病较为严重，辣椒以炭疽病和病毒病为主，马铃薯以晚疫病和病毒病为主。

1.1　茄子褐纹病

茄子褐纹病为茄子三大病害之一，分布较为广泛，发病范围较广，个别地块病果率可达50%以上。褐纹病植株从苗期到成株期地上部分均有可能受害，初期发病部位在下部，逐渐向上蔓延，叶斑初期呈水渍状之后逐渐变为褐色或灰色圆形病斑，病斑边缘清晰，后期扩大为不规则形，着生黑色小点。可先用冷水将种子预浸3～4小时，再用50℃温水浸种15分钟，然后用冷水降温，晾干。药剂可用福尔马林300倍液浸种15分钟，或10%四〇一抗菌剂1 000倍液浸种30分钟，浸种后用清水将种子洗净、晾干。也可用药剂拌种的方法，取50%苯来特和50%福美双与泥粉按照1∶1∶3比例均匀混合，用种子重量0.1%的混合粉剂拌种。

1.2 茄子黄萎病

茄子黄萎病又叫黑心病，一般在门茄坐果后出现，多从植株半边或整个植株和下部叶片开始发病。可先用冷水将种子预浸3～4小时，再用50℃温水浸种15分钟，然后用冷水降温，晾干。可用5%多菌灵可湿性粉剂500倍液浸种2小时，也可用种子重量0.2%的50%福美双或50%克菌丹粉拌种。

1.3 茄子早疫病

茄子早疫病主要危害叶片。病斑呈圆形或近圆形褐色，有同心轮纹，环境条件湿度较高时，病斑上着生微细的淡黑色霉状物，严重时病叶脱落。可用50℃温水浸种25分钟，或用55～60℃温水浸种10分钟。

1.4 茄子炭疽病

茄子炭疽病主要危害成熟的果实。病斑初期呈梭形或椭圆形水渍状，褐色，稍凹陷，病斑上着生小黑点，轮状排列，病斑较多时形成不规则大斑，果肉呈褐色且干瘪。先用冷水将种子预浸3～4小时，再用50℃温水浸种15分钟，然后用冷水降温，晾干。药剂处理时可用福尔马林300倍液浸种15分钟，或10%四〇一抗菌剂1 000倍液浸种30分钟，浸种后用清水将种子洗净，晾干。拌种可参照褐纹病。

1.5　番茄早疫病

番茄早疫病又叫轮纹病。发病初期叶片上病斑呈暗褐色水渍状，扩大后呈圆形病斑，稍凹陷，边缘深褐色，其上有明显同心轮纹，湿度较高时，病斑上着生黑色绒毛状霉，严重时植株下部叶片干枯，茎节处病斑黑褐色，稍凹陷，有同心轮纹。可用50℃温水浸种30分钟，再摊开冷却，然后催芽播种或晾干。

1.6　番茄斑枯病

番茄斑枯病主要危害叶片。可用50℃温水浸种30分钟，再摊开冷却，然后催芽播种或晾干。

1.7　番茄枯萎病

番茄枯萎病又称萎蔫病。严重时全株枯萎死亡。发病初期仅植株下部叶片变黄，后褐色枯萎干枯，但不脱落，有时会出现半边枯的状况，剖视茎、叶柄和果柄，其维管束均呈褐色。在高湿条件下，病株茎基部产生粉红色霉，发病较为严重时，植株出现矮化，结果较少或不结果。可在播种前用种子量0.3%～0.5%的50%克菌丹拌种，也可采用温汤浸种，用50℃温水浸种30分钟，摊开冷却，然后催芽播种或晾干。

1.8　番茄溃疡病

番茄溃疡病是近年来危害较为严重的一种细菌病害，发病时对番茄叶、茎、果均有危害。发病初期叶片边缘卷曲，后期叶片皱缩、干枯，褐变。可用40℃温水浸种1小时。

1.9　番茄疮痂病

番茄疮痂病主要危害保护地番茄，发病早且受害较重，还可危害辣椒。主要发生在叶片上，叶背处病斑中间浅褐色至灰白色，中间裂开呈疮痂状，严重时叶片边缘和叶尖变黄变枯，最后脱落。可用1%硫酸铜溶液浸种5分钟，或用1%高锰酸钾溶液浸种10分钟，再用清水洗净后晾干播种。也可采用温水浸种。

1.10 番茄黑斑病

可用温水浸种，也可先将种子在冷水中预浸6～15小时，再用1%硫酸铜溶液浸种5分钟，捞出后再用清水洗净，晾干播种。

1.11 辣椒炭疽病

可将种子在清水中浸泡6～15小时，再用1%硫酸铜溶液浸泡5分钟，捞出后可拌少量消石灰或草木灰中和酸性，再播种；或用55℃温水浸种10分钟，移入冷水中进行冷却，再催芽播种。

1.12 辣椒灰斑病

主要危害叶片。发病时，叶片病斑圆形或近圆形，起初为褐色，后逐渐变为灰褐色；枝秆发病时，呈灰色条状斑，果实上病斑圆形，病斑边缘褐色，中央灰色。可用55℃温水浸种10分钟。

1.13 辣椒病毒病

在各地普遍发生，危害严重。可用清水将种子浸泡3～4小时，再放入10%磷酸三钠溶液中浸泡30分钟，捞出后冲洗干净，再浸种催芽。

2 葫芦科蔬菜常见病害与种子处理

葫芦科蔬菜主要有黄瓜、南瓜、西葫芦、冬瓜、丝瓜、苦瓜等。通常，苗期以猝倒病为主，霜霉病、白粉病、炭疽病、病毒病和枯萎病等也时有发生。霜霉病主要危害黄瓜和丝瓜，白粉病主要危害黄瓜、南瓜和西葫芦，炭疽病危害冬瓜、黄瓜、甜瓜和西瓜，枯萎病危害黄瓜和西瓜，病毒病则主要危害西葫芦和哈密瓜。此外，黄瓜疫病也较为严重。

2.1 瓜类炭疽病

可用55℃温水浸种15分钟，或用0.1%升汞液浸种10～15分钟，再用清水冲洗干净后播种。也可用福尔马林100倍液浸种30分钟，再用清水洗净后播种。

2.2 黄瓜黑腥病

主要危害幼苗子叶，子叶上产生黄色圈形斑点，之后子叶烂掉。可用种子重量0.3%的50%多菌灵拌种。

2.3 黄瓜病毒病

苗期受害，子叶变黄枯萎，幼叶呈现浓绿淡绿相间的花叶，新叶呈现黄绿相间花叶，病叶小而皱缩，严重时发生反卷，植株下部叶片逐渐变黄枯死。播种前用55℃温水浸种30～40分钟，再放入冷水中冷却，晾干备用。

2.4 黄瓜枯萎病

易危害幼苗，在出苗前造成烂秧，出土后子叶、幼叶失水萎缩，茎基部褐色收缩，猝倒。可将种子放入60℃温水中浸种，或将干种子放在70～75℃烘箱中高温消毒5～7天。

3 十字花科蔬菜病害与种子处理

十字花科蔬菜主要包括大白菜、小白菜、甘蓝、芥菜和萝卜等各个种及其所属变种。其病害分布较广的有病毒病、霜霉病和软腐病，菌核病在长江流域及沿海各省较为广泛，根肿病、白斑病、黑斑病、黑腐病、炭疽病和细菌性黑斑病等也常有发生。

3.1 白斑病

可用50℃温水浸种20分钟，立即放入冷水中冷却，晾干播种；也可用50%福美双可湿性粉剂按照种子重量0.4%的药量拌种。

3.2 炭疽病

可在50℃温水中浸种5分钟，再放入冷水中冷却，捞出晾干，播种；也可用50%福美双可湿性粉剂按照种子重量0.4%的药量拌种。

3.3 黑腐病

主要危害甘蓝、大白菜、花椰菜等。幼苗感病，子叶呈水渍状，根髓部变黑，幼苗枯死。可用50℃温水浸种30分钟，也可用0.1%代森铵液浸种15分钟，洗净晾干后播种。

3.4 霜霉病

幼苗受害，叶背出现白色霜状霉层，严重时，叶、茎变黄枯死。可用50%福美双粉剂或75%百菌清粉剂拌种，用药量为种子重量的0.4%。

3.5 甘蓝黑茎病

可危害花椰菜、白菜和萝卜等。苗期发病，子叶、幼茎和真叶均出现灰色病斑，且着生黑色小粒点。茎基部因溃疡易折断，最后导致全株枯死。可用50℃温水浸种，再放入冷水中冷却，然后捞出晾干播种。

第三章

蔬菜育苗的基质与营养

育苗基质是能为幼苗提供稳定协调的水、气、肥和结构的生长介质。它除了支持、固定植株外，能够使养分、水分得以中转，植物根系从中按需选择吸收。

植物根系直接与基质接触，基质质量的优劣直接决定植物营养的供给情况，不仅影响幼苗的生长速度和质量，而且影响作物定植后的缓苗时间直至产量和产值。基质的选择是工厂化育苗成功的关键因素之一。

第一节　蔬菜育苗基质

1　蔬菜育苗对基质理化性状的要求

工厂化育苗的特点是使用基质代替土壤，这就要求基质满足以下几个条件：①具有一定的弹性和伸长性，能支持蔬菜的地上部，又不妨碍地下部的伸长和肥大；②本身有一定肥力，而且不与添加的肥料发生化学反应，易调节酸碱度；③不含对蔬菜生长发育有害、有毒的物质，不易使外来病虫害滋生；④不易变形变质，便于重复使用时进行灭菌操作；⑤吸水率大，持水力强，水分达到饱和后，尚能保持空隙，以利根系的贯通和扩展；⑥容重轻，便于穴盘搬运，易于标准化生产和操作；⑦来源广泛，价格低廉。

一般基质性状的好坏主要从物理、化学两个方面来评价，包括以下几项指标：

1.1 容重和密度

容重指自然状态下单位容积基质的干物质重。容重与基质的粒径、总孔隙度有关。一般要求基质容重为0.2～0.8克/厘米^3、粒径0.5～5.0毫米、液态含量60%～70%、气态含量10%～20%、持水量大于150%为宜。密度指单位体积固体基质（不包括空隙所占的体积）的绝对干重与同体积水重（4℃）的比值，它的大小取决于基质的矿物质组成、有机质含量等。

1.2 孔隙度和气水比

总孔隙度是指基质中持水孔隙和通气孔隙的总和，总孔隙度＝（1－容重/密度）×100；通气孔隙是指基质中空气所能够占据的空间。适宜育苗基质的总孔隙度要在54%以上，持水量要大于150%。充气孔隙与持水孔隙的比值称为气水比，通常以大空隙与小空隙之比表示。基质的气水比值是衡量基质优劣的重要指标，与总孔隙度合在一起可以全面衡量基质中空气和水分的状态。育苗基质的气水比一般以1∶2～4为宜。

1.3 生物学稳定性

基质的生物学稳定性主要指基质的发酵和分解等，主要受微生物和作物根系活动的影响，直接表现为基质理化性质的改变。作为有机基质应达到以下标准：施入土壤后不产生氮生物固定；通过降解除去酚类等有害物质，没有或较少病原菌、病虫卵和杂草种籽；并且应有适宜的理化性质。

1.4 化学稳定性

蔬菜工厂化育苗要求基质具有很强的化学稳定性，以减少营养液受干扰的机会，方便管理。根据基质的化学稳定性来分类，大致可把有机基质分为三类：第一类是易被微生物分解的物质，如淀粉、纤维素、糖、有机酸等；第二类是有毒物质，如一些单宁、酚类物质等；第三类是难被微生物分解的物质，如木质素、腐殖质等。无机矿物质基质，如果其成分是石英、云母、长石等，其化学稳定性最强；辉石、角闪石等构成的次之；白云石、石灰石等碳酸盐类矿物组成的基质最不稳定。

1.5　缓冲能力

缓冲能力是指基质在加入酸碱物质后，本身所具有的缓和酸碱变化的能力，它的大小主要由阳离子代换量及其盐类的多少而定。如果基质含有较多的腐殖质，则缓冲能力也较强；如果基质含有较多的有机酸，则对碱的缓冲能力较强，对酸性没有缓冲能力；如果基质含有较多的钙盐和镁盐，则对酸的缓冲能力较大，但对碱没有缓冲能力。

基质缓冲性的大小无法用理论计算的方法来求得，只能通过在基质中逐步加入定量的酸或碱后测定其pH值的变化情况，再以酸或碱用量与pH值作滴定曲线，从而判断基质的缓冲能力。

1.6　基质组分和营养元素的含量与形态

基质既要含有供给植物吸收利用的氮、磷、钾、铁、镁等营养成分，又要所含的营养成分不会对配制营养液产生干扰，不会因浓度过高而产生毒害，更要不含有害物质和污染物质，还要化学成分比较稳定。

营养液中微量元素的含量会因基质中某一阳离子含量过高而发生络合或沉淀，而影响有效性。对于含有大量营养元素的有机基质，营养元素的含量、形态又影响到营养液的配比及选择。此外，有机质的分解速度、养分的供应强度都需要考虑。

1.7　电导率（EC）和阳离子代换量（CEC）

EC值反映基质中可溶性盐分的多少，直接影响到营养液的平衡和幼苗生长状况。

阳离子代换量是以每100克基质能够代换吸收阳离子的毫摩尔数来表示，反映的是基质保持肥料免遭水分淋洗并能缓慢释放出来供植物吸收的能力，如果该值过高易对植物造成伤害。

1.8 pH值

基质pH值与植物养分的溶解度相关联，同时也影响植物根系微生物的活动。基质pH值对蔬菜幼苗的生长发育也有较大的影响，多数蔬菜育苗要求的基质pH值从微酸性到中性（表3-1）。

表3-1 几种常见蔬菜育苗适宜的酸碱度

蔬菜种类	适宜pH值范围	蔬菜种类	适宜pH值范围
黄瓜	5.5～6.7	芹菜	5.5～6.8
番茄	5.2～6.7	西瓜	5.0～6.8
茄子	6.8～7.3	甜瓜	6.0～6.7
辣椒	6.0～6.6	莴苣	5.5～6.7
南瓜	5.0～6.8	芦笋	6.0～6.8
豇豆	6.2～7.0	花椰菜	6.0～6.7

1.9 碳氮比

碳氮比指基质碳素和氮素的相对比值，对有机质的降解起决定作用。碳氮比高的基质，由于微生物生命活动对氮的争夺，会导致植物缺氮。一般情况下无机物的碳氮比比较低，如蛭石、岩棉等；有机质的碳氮比相对高。如果碳氮比达到100∶1的基质，必须加入超过植物生长所需要的氮，以补偿微生物对氮的需求。

2 几种常见的基质

2.1 沙子

沙子是最早被应用于生产的一种基质，其优点是来源广泛，价格便宜；缺点是容重大，运输不便，持水力差，温度变化快，无阳离子代换量，而且其成分、质量差异较大。

2.2 泥炭

泥炭是迄今为止被世界各国普遍认为最好的无土栽培基质之一，特别在蔬菜工厂化育苗过程中，以泥炭为主体，配合沙子、蛭石、珍珠岩等基质，制成含养分丰富的复合基质被广泛应用。泥炭是由苔藓、苔草、芦苇等水生植物以及松、桦、赤杨、羊胡子草等陆生植物在水淹、缺氧、低温、泥沙掺入等条件下未能充分分解而堆积形成，是煤化程度最浅的煤，由未完全分解的植物残体、矿物质和腐殖质组成。一般泥炭容重 2.2～0.6 克/厘米^3，总孔隙度77%～84%；pH 3.0～7.5，盐基代换量较高，缓冲能力强；有机质含量40.2%～68.5%，其中腐殖酸含量 20%～40%，全氮0.49%～3.27%，全磷 0.01%～0.34%，全钾 0.01%～0.59%。

泥炭主要分布在北方，且北方出产的泥炭质量较好，这主要是由于北方雨水较少，气温较低，植物残体分解较慢。

2.3 蛭石

蛭石为云母类次生硅质矿物，为铝、镁、铁的含水硅酸盐，由一层层薄片叠合构成。它的颗粒由许多平行的片状物组成，片层之间含有少量水分。容重 0.07～0.25 克/厘米^3，总孔隙度133.5%，大孔隙 25.0%，小孔隙 108.5%，气水比 1∶4.34，持水量 55%，电导率 0.36 毫西/厘米，碳氮比低。含全氮0.011%，全磷 0.063，速效钾 501.6 毫克/千克，代换钙2 560.5 毫克/千克。蛭石 pH 值因产地和组成成分不同而稍有差异，一般均为中性至微碱性（pH6.5～9.0）。当其与酸性基质如泥炭等混合使用时不会出现问题，如单独使用，因 pH 值太高，需加入少量酸进行中和。国外园艺用蛭石按直径大小分为四个等级：3～8 毫米为 1 号，2～3 毫米为 2 号（最为常用），1～2 毫米为 3 号，0.75～1 毫米为 4 号（适用于作育苗）。

2.4 珍珠岩

珍珠岩是一种火山喷发的酸性熔岩，经急剧冷却而成的玻璃质岩石，因其具有珍珠裂隙结构而得名。珍珠岩容重小（0.3～0.16 克/厘米^3），总孔隙度 93%，其中空气容积约 53%，持水容积 40%，通气排水性好；几乎没有缓冲能力，阳离子代换量很小，pH 7.0～7.5；吸水量是自身重的 2～3 倍；稳定性好，不易分解，但受压易破碎。

珍珠岩在使用时应先用水喷湿，以免粉尘污染；如淋水较多会浮在水面上，难以固定根系，因此一般不能单独使用。

2.5 岩棉

岩棉由 60%辉绿石、20%石灰石和 20%焦炭混合后，在 1 500～2 000℃高温炉中熔化所得。其优点是经过高温处理，无毒无菌；容重小（0.08～0.10 克/厘米^3），质地轻，孔隙度大（96%），透气性好，吸水力强，排渗性好。

2.6 炭化稻壳

碳化稻壳是指稻壳经过加热至其着火点温度以下，使其不充分燃烧而形成的木炭化物质，具有体轻、导热性低的特性，适用于扦插和育苗，一般不单独使用。

2.7 树皮和锯木屑

必须经过堆沤发酵，如果其中氯化物含量超过 2.5%、锰含量超过 20 毫克/千克时，不宜再使用。

2.8　煤（炉）渣

一般不单独使用，在混合基质中体积比不能高于 60%。

2.9　泡沫塑料

常与容重较大的沙子、砾石混合来增加容重、固定植物，也可作为栽培床底层的排水材料。

2.10　农作物秸秆

包括玉米秸秆、棉花秸秆、糠醛渣、菌渣等，使用前须粉碎并沤制发酵。

表 3-2、表 3-3、表 3-4 为常用无机基质和有机基质的物理性状和化学性质。

3　基质的配制

育苗基质的选择与合成是蔬菜工厂化育苗的关键技术之一。上面介绍的几种基质既可以单独使用，也可以按一定比例混合使用，一般混合基质育苗的效果更好。混合配制的基质应具有良好的物理和化学性质，容重要求小于 1，总孔隙度大于 60%，气水比 1∶2～4，化学性质稳定，其溶出物不危害秧苗，不含对人体有害的物质，不与营养液中成分发生化学反应，同时要求具有一定的缓冲能力。国外绝大多数穴盘育苗采用草炭＋蛭石的复合基质，比例为 1∶1 或 2∶1。

育苗基质混配或配方选择一般要遵循两个基本原则，即适用性原则和经济性原则。

适用性是指基质必须适合幼苗根系健康发育的需要，为此要考虑蔬菜种类和育苗季节。夏季育苗，环境温度高，基质水分蒸发速度快，混配时应提高基质的持水力，降低肥料用量，防止出

表 3-2　几种常用无机基质的理化性状

基质	容重（克/厘米³）	密度（克/厘米³）	持水量（%）	总孔隙（%）	通气孔隙（%）	毛管孔隙（%）	pH 值	电导率（西/米）	阳离子代换量（毫摩尔/千克）	有机质（%）	碱解纳（毫克/千克）	有效磷（毫克/千克）	速效钾（毫克/千克）
岩棉	0.11	0.25～0.5	很大	96.0	2.0	94.0	5.8～7.0	很小	4.75	无	—	—	—
蛭石	0.46	2.52	144.1	81.7	15.4	66.3	7.57	0.067	5.15	0.06	9.3	22.2	135.0
炉渣灰	0.98	1.94	37.5	49.5	12.5	37.0	7.76	0.223	4.12	0	40.15	2.6	120.0
珍珠岩	0.09	1.20	568.7	92.3	40.4	52.3	7.45	0.007	1.25	0.09	15.1	10.8	69.6
细砂	1.45	2.60	22.4	44.2	12.9	31.3	7.22	0.016	很小	0.41	73.5	4.4	13.7

表 3-3　几种常用有机基质的物理性状

基质	容重（克/厘米³）	总孔隙（%）	大孔隙（%）	小孔隙（%）	水气比
向日葵秆	0.12	67.8	20.7	47.1	1∶2.3
玉米秆	0.10	75.0	12.7	62.3	1∶4.9
豆秆	0.13	75.5	20.9	54.6	1∶2.6
菇渣	0.20	65	—	—	—
芦苇末	0.11	91.5	55.4	36.1	1∶0.65

（续）

基质	容重（克/厘米^3）	总孔隙（%）	大孔隙（%）	小孔隙（%）	水气比
花生壳	0.41	55.8	25.6	30.3	1∶1.18
锯末	0.27	81.6	27.1	54.5	1∶2.01
碳化稻壳	0.15	82.5	57.5	25.0	1∶0.43

表 3-4 几种常用有机基质的化学性质

基质	pH值	电导率（西/米）	有机质（%）	总N（%）	P（%）	K（%）	Ca（%）	Mg（%）	Fe（%）	Mn（毫克/千克）	Cn（毫克/千克）	Zn（毫克/千克）	B（毫克/千克）
向日葵秆	6.14	4.40	84.97	0.772	0.108	0.862	0.242	0.348	0.031	20.8	27.1	9.16	—
菇渣	—	—	50.8	0.97	0.252	0.110	1.860	0.691	0.556	146.0	13.0	43.8	11.5
玉米秆	5.87	1.68	83.2	1.06	0.106	1.070	0.668	0.392	0.102	49.4	11.5	17.5	11.6
芦苇末	7.87	1.83	—	—	0.21	0.44	0.17	0.16	0.076	75.2	11.0	12.1	11.2
锯末	7.6	—	85.2	0.18	0.017	0.138	0.866	0.097	0.56	93.1	15.8	102	11.2
碳化稻壳	6.9	0.36	—	—	0.049	0.120	0.325	0.335	0.028	—	5.78	11.23	0.425

现因含水量降低、EC值（可溶性盐离子浓度）升高引起的意外烧苗；反之，冬季育苗环境温度低，通风时间短，基质水分蒸发速度慢，混配时应提高基质的孔隙度，防止基质长时间高湿引发烂种和苗期病害。不同蔬菜种类对酸碱度的要求和耐盐性见表3-5。

表3-5 不同蔬菜种类适宜pH范围及耐盐性

蔬菜种类	pH值范围	耐盐性
芦笋	6.0～8.0	＋＋＋＋
根用甜菜	6.0～7.5	＋＋＋
甘蓝、大白菜、菠菜、豌豆	6.0～7.5	＋＋
豆类（除豌豆）	6.0～7.5	＋
青花菜、芹菜、生菜、萝卜	6.0～7.0	＋＋
洋葱	6.0～7.0	＋
南瓜	5.5～7.5	＋＋＋
黄瓜、番茄、花椰菜	5.5～7.5	＋＋
辣椒、芜菁	5.5～7.0	＋＋
胡萝卜	5.5～7.0	＋
西瓜	5.5～6.5	＋＋

注：＋表示对盐害敏感，＋＋表示对盐害中度敏感，＋＋＋表示中度耐盐，＋＋＋＋表示耐盐。

经济性是指育苗基质购买费用，也是商品苗生产成本的重要组成。在美国，基质成本大约占育苗总成本的9.3%。在选择基质组分时，可考虑当地资源特点，选择价廉实用的材料。如东北可选用草炭、海南可选用椰子壳纤维、广西可选用甘蔗渣、河南可选用秸秆、宁夏可选用牛羊粪等。

迄今为止，人们对育苗基质进行了大量比较研究，针对不同蔬菜提出多种配方，基质配制时可参考表3-6。

表 3-6　蔬菜育苗基质配方

蔬菜种类	基质配比（体积比）	肥料施用量	数据来源
番茄	木糖渣：煤灰：煤渣（6：3：1）	尿素 0.54 千克，磷酸二氢钾 0.54 千克，鸡粪 2 160 千克	孙治强，1998
	蛭石：有机肥：炉灰渣（7：2：1）	幼苗第一片真叶展开后浇施邢禹贤 1/2 浓度营养液	崔秀敏，2001
	稻草粉碎腐熟物：炉渣：鸡粪（7：2：1）		金伊洙，2005
	草炭：蚯蚓粪：有机肥（5：2：2）	约含 N 100 毫克/升，P_2O_5 300 毫克/升，K_2O 400 毫克/升，Mg 150 毫克/升	Zaller J G，2005
	草炭：有机肥：珍珠岩（65：30：5）		Herrera F，2008
辣椒	芦苇末：蛭石（3：1）	幼苗第一片真叶展开后浇 1/4 强度 Hoagland & Amon 营养液	李谦盛，2003
	稻草腐熟物：炉渣：鸡粪（75：15：10）		金伊洙，2005
	椰子壳纤维粉：草炭：珍珠岩（4：2：2）	N：P：K：Mg：Mo 为 18-18-18-3-0.003 完全肥 3.025 千克，硫酸镁 0.015 千克，硝酸钾 0.202 千克等	Choi J M，2007
茄子	草炭：蛭石：炉灰渣（3：3：4）	N10-P6-K17 专用肥 2.8 千克，三元复合肥 1.96 千克，尿素 1.4 千克等	陈振德，1996
黄瓜	椰子纤维粉：蛭石（1：1）	子叶平展时浇灌 1/2 山崎黄瓜专用营养液	陈贵林，2000
	草炭：蛭石（7：3）	N、P_2O_5、K_2O 各 0.2、0.1 和 0.2 千克	孙晓梅，2004

（续）

蔬菜种类	基质配比（体积比）	肥料施用量	数据来源
黄瓜	草木灰：蛭石（2：1）	子叶平展后浇营养液（1 000 升水含硫酸钙、硫酸镁、磷酸二氢钾、尿素 0.7、0.5、0.45、0.48 千克）	赵瑞，2000
	锯末：菇渣：珍珠岩（45：37：18）	完全复合肥 1.08 千克	杨慧玲，2002
西葫芦	芦苇渣：珍珠岩（3：1）	子叶平展后浇灌 EC1.5 毫西/厘米、pH6.0 营养液	寿伟松，2005
甜瓜	草炭：蛭石：珍珠岩（6：2：2）	N、P_2O_5、K_2O 分别为 0.4、0.4、0.1 千克	赵明，2004
	草炭：蛭石（7：3）	播种后每周浇含 100 毫克/升 20-8.6-16.6 完全复合肥水溶液	Burelle N K，2003
西瓜	草炭：蛭石：珍珠岩（6：2：2）	N、P_2O_5、K_2O 分别为 0.4、0.4、0.1 千克	赵明，2004
	草炭：蛭石（7：3）		Vavrina C S，2003
西芹	棉籽壳：糠醛渣：蛭石：猪粪（4：2：2：2）或棉籽壳：炉渣：蛭石（6：2：2）	磷酸二铵 0.825 千克，尿素 0.5 千克，复合肥 1 千克，硼砂 0.05 千克，硝酸钙 0.66 千克	陈振德，1998
生菜	蛭石：砻糠灰（2：1）	出苗后浇灌完全营养液	龚繁荣，1997
	蛭石：有机肥：炉灰渣（7：2：1）	第一片真叶展开后浇灌 EC 1.2 毫西/厘米的营养液	崔秀敏，2002
甘蓝	草炭：蛭石（9：1）	播种后灌溉 0.02%完全肥料溶液	Sato F，2004
花椰菜	草炭：蛭石：珍珠岩（70：15：15）	10%蚯蚓粪，4 千克血粉、磷酸石粉等混合物	Rangarajan A，2008
青花菜	草炭：污泥（7：3）		Perez M D，2005

在制备育苗基质的过程中，要注意以下七个方面的问题：

（1）物理性状的调制。参考示例的基质配方，将有机组分和无机组分按体积比混合，测试混合基质物理性状指标，基于各组分的独立特性不断调整配比，初选确定数个配方，进行蔬菜育苗试验，根据蔬菜幼苗发育表现确定基本配方。开发应用新的基质组分材料或大批量育苗前，都要进行育苗试验。同种基质组分不同产地，或同一产地不同批次之间，基质的物理性状也会差异很大。

（2）养分含量的调制。根据不同蔬菜种类苗期对养分的需求规律以及后期的管理方式，选择单一化学肥料或完全肥料进行添加，并进行育苗试验。蔬菜苗期对养分需求较少，且对 EC 值比较敏感，因此基质初始养分含量可控制在较低的水平。EC 值过高将降低种子的萌发率和灼烧根系。穴盘育苗技术推广初期，为了简化播种后施肥管理，在基质中加入大量肥料，如在每立方米基质中加入三元复合肥（15－15－15）1.5～2.5 千克，整个苗期不再施肥，其实是很不科学的，也不适用于规模化穴盘育苗。种子萌发阶段基本不需要养分，但此时基质中养分含量最高；幼苗发育进入第Ⅲ、第Ⅳ阶段，对养分需求增加，养分含量因灌水冲淋却最低。前期养分含量较高，容易引起幼苗徒长。在规模化穴盘育苗中，在基质中添加少量启动肥料，后期根据幼苗发育进程和长势，采用灌溉施肥技术补充必要的养分，更有利于节约肥料，高效利用，也符合幼苗发育的生物学规律。

（3）酸碱度的调制。由于草炭酸性居多，且基质中使用比例大，蛭石是微碱性，珍珠岩为中性，因此通常情况下（包括添加少量有机肥）混配基质呈酸性。为了提高基质的 pH 值，可以加入过 100 目（直径 0.25 毫米）筛的白云石灰石，或采用生理碱性的化学肥料（如硝酸钙），或用 1.2 克/升氢氧化钙水溶液混拌基质。石灰石加入 7～10 天，基质 pH 值才会稳定。当使用非草炭为主的基质、灌溉硬度较大的水源时，基质 pH 值可能高出蔬菜幼苗需求的范围。为此，可以选择使用生理酸性的肥料（如硫酸铵），或用120克/升硫化铁水溶液浇灌。使用硫化铁后，要用清水冲洗叶面的酸液，避免灼伤叶片。

(4) 粒径调制。基质粒径对基质孔隙分布和后期管理作用较大。对于同一种基质，粒径越大，容重越小，总孔隙度越大，气水比较大，通气性较好，但持水性较差；反之，粒径越小，容重越大，总孔隙度越小，气水比越小，持水性较好，通气性较差。基质各组分尽可能过筛，使混配基质整体处于1～10毫米粒径范围内。国产个别品牌的草炭产品，采后加工相对较差，结块现象比较严重，导致混拌不均匀和后期漏水漏肥，需要增加粉碎工序。蛭石、珍珠岩粒径0.3～0.4厘米较好。蛭石和珍珠岩运输和贮放期间，有可能粒径变小甚至粉末化，最好过筛去除粉末部分。粒径过小，降低基质有效水含量，即水分被基质吸附，根系难以吸收利用。

(5) 基质混拌。必须将基质各组分彻底混拌均匀，但搅拌也会使基质粒径变小，因此基质搅拌的时间要严格控制，避免搅拌时间过长。基质搅拌也可能破坏缓释肥颗粒状结构。目前，基质混拌可通过人工或机械完成，机械搅拌相对比较均匀且效率高。搅拌机械有专用搅拌设备（如荷兰Visser基质搅拌机、北京西达农业工程科技发展中心JB-4型基质搅拌机）和兼用搅拌设备（如建筑用混凝土搅拌机）。搅拌过程中使基质含水量达到50%左右。

(6) 卫生条件。基质各组分贮放和混拌必须选择洁净、远离病虫源的地方，尤其不能掺入带病土壤，基质混拌器皿必须经过消毒处理。必要时可在基质中加入少量杀菌剂，如五氯硝基苯、多菌灵等，以每立方米基质添加100克左右农药为宜。混拌均匀的基质不要贮放过久，尤其是基质湿度较大且散装堆放时，尽量及时使用。

(7) 测定方法。基质的适用性得益于性状指标的测定，而测定方法或操作过程对数据准确性至关重要。只有采用标准、通用的方法，测定结果才有参照性。如基质 EC 值测定，国际上有饱和浸提法（SME 法）、1∶2、1∶5、1∶10（体积比 V∶V）稀释法，也有配套的杯具。由于每一种方法的测定结果相差很大，因此在方法选定和结果比较时必须结合实际和具体测定方法。

4 基质的消毒

（1）蒸汽消毒。使用高温（110～121℃）蒸汽对基质进行密闭消毒 30～40 分钟即可。该法简便易行，经济实惠，安全可靠。

（2）化学消毒。常用的消毒药剂有多菌灵、百菌清、甲醛、溴甲烷等。如每立方基质中加入 100～150 克溴甲烷处理 3～5 天，可杀死基质中大部分线虫、昆虫、杂草种子和真菌，但注意在消毒完成后，在使用之前需晾晒 2～3 天。将 40%的甲醛溶液稀释 40～50 倍后，用喷壶按每立方基质 20～40 升喷洒，再用薄膜覆盖 24 小时，可以杀灭基质中绝大多数菌类，经甲醛消毒的基质，在使用前要让基质风干 14 天左右。

（3）太阳能消毒。夏季在温室内，将基质堆成 20～30 厘米高度后用水喷洒，使其含水量超过 80%，再用薄膜覆盖，在密闭温室的前提下，暴晒 10～15 天，消毒效果良好。

5 基质用量的估算

在使用混合基质时，各种原料基质的准备量是生产过程中值得注意的问题。下面介绍基质用量的估算法。

首先把穴盘孔视为棱台，按照棱台体积的计算公式 $V=\frac{1}{3}\times(S_1+S_2+\sqrt{S_1\times S_2})\times h$，（其中 S_1 为穴盘孔上底面积，S_2 为穴盘孔下底面积，h 为穴盘孔高度），估算出每孔需要的基质量；然后乘以穴盘数（张），可以计算出每张穴盘需要的基质用量；再计算育苗需要使用的穴盘数量，并分别除以各原料基质的比例，即可估算出基质的总用量。

例：利用混合基质（草炭∶珍珠岩∶蛭石＝6∶3∶1）生产100万株番茄苗，需要准备草炭、珍珠岩和蛭石各多少方？

（1）培育番茄苗使用标准的128孔穴盘，即其上底边长为3.0厘米，下底连长为1.3厘米，高为3.8厘米，根据棱台公式求出每孔容积为32.021 3厘米^3，每张穴盘的容积为4 098.730 7厘米^3。

（2）100万株番茄苗需要$100\times10^4\div128=7\ 812.5$张穴盘

（3）100万株番茄苗需要混合基质总量为$4\ 098.730\ 7\times7\ 812.5\div10^6\approx32.02$米^3

（4）需要的草炭量为$6/10\times32.02=19.2$米^3；珍珠岩为$3/10\times32.02=9.6$米^3；蛭石为$1/10\times32.02=3.2$米^3。

（5）最后将计算结果乘以保险系数（如1.1），即可求出各基质用准备量。

第二节　蔬菜育苗的营养

在蔬菜幼苗生长发育过程中，营养起着至关重要的作用。苗期营养条件好时，幼苗生长健壮，根系发达，抗逆性强。果菜类蔬菜幼苗花芽分化早，质量好；营养不足时则幼苗生长发育不良，影响花芽分化和发育，甚至影响产量。这就要求，一方面育苗时选用健全饱满、活力强、种胚大、贮藏养分多的大粒种子；另一方面做好苗期环境调控和施肥，改善幼苗的营养条件，保证充足的营养供应。对于蔬菜工厂化育苗而言，由于一般穴盘体积较小，每株幼苗拥有的基质的量较小，基质中养分储存受到限制，单纯依靠基质中的养分不能满足蔬菜幼苗的生长需要，因此育苗过程中根据幼苗生长发育情况及时进行施肥，以补充养分就显得更为重要。

1 蔬菜幼苗对养分的需求

目前已经证明有一些元素是幼苗结构或新陈代谢中的基本组分，缺失时能引起严重的生长发育异常，被称为必需营养元素。目前明确的植物必需营养元素有16种，即碳（C）、氢（H）、氧（O）、氮（N）、磷（P）、钾（K）、钙（Ca）、镁（Mg）、硫（S）、铁（Fe）、锰（Mn）、锌（Zn）、铜（Cu）、钼（Mo）、硼（B）、氯（Cl）。此外，还有一类元素，它们对幼苗的生长发育具有良好的作用，或为某些蔬菜种类在特定条件下所必需，但还没有证实它们是否为高等植物普遍所必需，人们称之为有益元素，其中主要包括硅（Si）、钠（Na）、钴（Co）、硒（Se）、镍（Ni）、铝（Al）等。

在必需营养元素中，C、H、O来自空气中的CO_2和灌水，而其他元素几乎全部来自育苗基质，只有豆科植物根系可固定空气中的CO_2，叶片也能从空气中吸收一部分气态养分，如SO_2等，因此育苗基质是蔬菜幼苗生长所需养分的主要来源。

2 蔬菜穴盘育苗常用肥料种类

为给蔬菜穴盘苗提供全面平衡适量的养分，同时考虑到蔬菜苗期养分吸收能力和对养分丰亏的敏感性、穴盘苗根际环境特点等，蔬菜穴盘育苗一般选择高精度全水溶性肥料。近年来，随着化肥工业的发展，各种元素丰富、含量精准、配比多样的复合肥被相继开发出来，蔬菜穴盘育苗中复合肥的施用也日益广泛，但高精度的复合肥价格要高于单一肥料。

选择适宜的肥料种类，通常要考虑以下因素：单位质量肥料的价格；肥料的水溶性；一次施肥提供多种元素的可能性；肥料杂质含量（特别是有害元素）；施肥操作的便利性。

表3-7为蔬菜工厂化育苗中常用的单一肥料种类与主要养分含量。

表 3-7　蔬菜工厂化育苗中常用的单一肥料种类与主要养分含量

主要元素	肥料名称	元素含量（%）	主要元素	肥料名称	元素含量（%）	主要元素	肥料名称	元素含量（%）
N	硝酸铵（NH_4NO_3）	33.5	Ca	硝酸钙［Ca（NO_3）$_2$］	19.0	Cu	硫酸铜（$CuSO_4$）	25.0
	硝酸钙［Ca（NO_3）$_2$］	15.5		氯化钙（$CaCl_2$）	36.0		液体硫酸铜	17.0
	液体硝酸钙	7.0		液体硝酸钙	11.0		氯化铜（$CuCl_2$）	17.0
	硝酸钾（KNO_3）	13.0	Mg	硫酸镁（$MgSO_4$）	10.0	Zn	硫酸锌（$ZnSO_4$）	36.0
	硝酸（HNO_3）	不一		硫酸钾镁	11.0		液体硫酸锌	17.0
P	磷酸二氢钾（KH_2PO_4）	23.0	S	硫酸镁（$MgSO_4$）	14.0	Mn	氯化锰（$MnCl_2$）	44.0
	磷酸（H_3PO_4）	不一		硫酸钾镁	22.0		硫酸锰（$MnSO_4$）	28.0
K	氯化钾（KCl）	50.0		硫酸（H_2SO_4）	不一		液体硝酸锰	15.0
	硝酸钾（KNO_3）	36.5		硫酸钾（K_2SO_4）	18.0	Mo	钼酸铵［(NH_4)$_6$$Mo_7$ · $4H_2O$］	54.0
	硫酸钾镁	18.3		硼砂（$Na_2B_4O_7$ · $10H_2O_4$）	11.5		钼酸钠（Na_2MoO_4 · $2H_2O$）	39.0
	磷酸二氢钾（KH_2PO_4）	28.0	B	硼酸（H_3BO_4）	17.0	Cl	氯化钾（KCl）	52.0
	硫酸钾（K_2SO_4）	43.0	Fe	螯合铁（EDTA）	5.0-12.0		氯化钙（$CaCl_2$）	64.0

3　蔬菜穴盘苗施肥时期与方法

播种前施肥。因为基质中所有的草炭通常是酸性的，pH 值为 4.0～5.5，甚至 4.0 以下，而幼苗适宜的 pH 值为 5.5～6.8，为了调节基质 pH 值，基质混拌时一般要添加含钙、镁的白云石粉（$CaCO_3 \cdot MgCO_3$），同时，钙和镁也可以满足幼苗发育的需要。播前施入较多的是重过磷酸钙［$Ca(H_2PO_4)_2 \cdot H_2O$］，施用量一般是 200～500 克/米^3。氮源常用硝酸钙，施入量与磷相似。钾在幼苗生长初期是比较充裕的，不需要播前施入。硫在播前施用，常用硫酸镁，施入量约 200 克/米^3。含多种微量元素的肥料已经商品化，可以直接使用，施用量一般是温室普通栽培推荐量的 1/2。

播种后施肥。播种后施肥多采用 N∶K_2O 为 1∶1 的肥料种类，只有当基质分析或幼苗表现缺素症状时，这个比例才修改。施用肥料的浓度主要取决于 5 个因素：幼苗发育时期；灌水或施肥过程中养分的冲淋率；施肥的频度；幼苗生长态势；播种前基质是否混入肥料。

肥料浓度的高低也可以根据叶色来决定，当叶色较淡时，可以提高浓度以补充养分不足，促进叶色转变。养分的冲淋率和灌溉频度也影响肥料的施用浓度，养分冲淋率是由于灌溉或施肥，养分从孔穴流失的百分率，尽管难以确切地计算肥料的冲淋率，但估计 25%的比例是比较适当的。施肥的频度也很重要，施肥频度越高，肥料浓度应越低。肥料浓度与蔬菜种类关系密切，有些蔬菜对盐比较敏感，因此育苗者在播前应少量施肥，在随后的幼苗发育中，也应施用较低浓度的肥料，施肥的次数也要相应减少。总之，播前施肥对播后施肥次数和浓度有明显的影响。越来越多的育苗者倾向于播前不施肥，而是在播后施用高浓度的肥料。

CO_2施肥。在通常情况下，空气中的 CO_2 含量为 300～330

毫克/升，如能将其浓度提高到800～1 000毫克/升，对蔬菜穴盘苗的发育还是有益的。目前，二氧化碳施肥已经成为一项成熟的技术，尤其在设施蔬菜栽培中被广泛使用。

CO_2施肥的主要目的是促进光合作用，需要与光照、温度协同作用才能取得较好效果，同时为避免设施通风造成CO_2浪费，施用时间通常选择日出后设施放风前进行。一年中11月至翌年2月，日出1.5小时后施放；3月至4月中旬，日出1小时后施放；4月下旬至6月上旬，日出0.5小时后施放。CO_2施放后，将设施密闭1～2小时后再通风。

4 蔬菜穴盘苗营养状况的分析判断

根据幼苗形态特征或组织中营养成分含量判断幼苗植株营养元素丰缺状况。每一种营养元素在幼苗体内的含量通常存在缺乏、适量和过剩3种情况。当幼苗体内缺乏某种营养元素，即含量低于养分临界值（幼苗正常生长体内必须保持的养分数量）时，幼苗表现缺素症；当体内养分含量处于适量范围时，幼苗生长发育正常；体内养分含量超过临界值时，可能导致营养元素的过量毒害。为了诊断幼苗体内营养元素的含量状况，可以采用下列方法。

4.1 形态诊断法

形态诊断法是通过观察幼苗外部形态的某些异常特征，以判断植株体内营养元素不足或过剩的方法，主要凭视觉进行判断，较简单方便。但幼苗因营养失调而表现出的外部形态症状并不都具有特异性，同一类型的症状可能由几种不同元素失调引起；而缺乏同种元素在不同蔬菜上表现出的症状也会有较大的差异。因此，难免会产生误诊。

4.2 化学诊断法

借助化学分析对幼苗、叶片及其组织液中营养元素的含量进行测定，并与由试验确定的养分临界值相比较，从而判断营养元素的丰缺情况。这种方法成败的关键取决于养分临界值的精确性和取样的代表性。由于同一蔬菜幼苗在不同发育阶段的养分含量差异较大，应用化学诊断法时必须对采样时期和采样部位做出统一规定，才能准确比较。

4.3 酶诊断法

酶诊断法又称生物化学诊断法。通过对幼苗体内某些酶活性的测定，间接地判断植物体内某营养元素的丰缺情况。譬如，对碳酸酐酶活性的测定能判断幼苗是否缺锌，锌含量不足时这种酶的活性将明显减弱。酶诊断法灵敏度高，且酶作用引起的变化早于外部形态的变化，用以诊断早期的潜在营养缺乏尤为适宜。

5 蔬菜穴盘苗养分供给应注意的有关问题

5.1 基质 pH 值

育苗基质 pH 值是影响基质中营养元素有效性的重要因素。在 pH 值低的基质中，Fe、Mn、Zn、Cu、B 等元素的溶解度较大，有效性较高；但在中性或碱性基质中，则因易发生沉淀或吸附作用而使其有效性降低。P 在中性基质中的有效性较高，但在酸性基质中，则易与 Fe、Al 或 Ca 发生化学变化而沉淀，有效性明显下降。通常是生长在偏酸性或偏碱性基质中的幼苗较易发生缺素症。

5.2 营养元素比例

营养元素之间普遍存在协同与拮抗作用（表 3－8）。如大量施用氮肥会使幼苗的生长量急剧增加，对其他营养元素的需要量也相应提高，若不能同时提高其他营养元素的供应量，就会导致营养元素比例失调，发生生理障碍。基质中由于某种营养元素的过量存在而引起的元素间拮抗作用，也会促使另一种元素的吸收利用被抑制而促发缺素症。如大量施用钾肥会诱发缺镁症，大量施用磷肥会诱发缺锌症，等等。

表 3-8　营养元素的相互拮抗作用

过量元素	抑制吸收元素	过量元素	抑制吸收元素
N	K	Na	Ca、K、Mg
NH_4^+	Ca、Cu	Mn	Fe、Mo
K	N、Ca、Mg	Fe	Mn
P	Cu、Fe、Zn、B	Zn	Mn、Fe
C	Mg、B	Cu	Mn、Fe、Mo
Mg	Ca		

5.3　温度管理

根际高温或低温都会影响根系生长和根系活力，进而影响幼苗养分吸收面积和吸收能力。如低温会降低基质养分的释放速度，同时会影响幼苗根系对大多数营养元素的吸收速度，尤以对P、K的吸收最为敏感；此外，低温还明显阻抑铵态氮向硝态氮的转化，易造成根际铵的积累和幼苗铵中毒。

5.4　操作技术

育苗基质通气孔隙度远大于土壤，灌水不可避免地会造成基质养分冲淋。当灌水频度高、每次灌溉量大时，养分的冲淋也相应增大，此时应适当增加施肥频度或肥料浓度。目前，穴盘育苗广泛使用灌溉施肥技术，其中一个非常关键的技术设备就是定比稀释器。

第四章 蔬菜工厂化育苗的壮苗培育

蔬菜工厂化育苗一般是以大型的育苗企业（如种苗中心、公司）为生产场所，根据生产订单需求，采用优良品种及先进的育苗技术，有计划、成批地生产蔬菜秧苗，以商品的形式为生产者提供优质种苗。这种有计划、专业化的秧苗生产方式完全是模拟工厂生产商品的过程，严格按照商品规格进行秧苗生产的方式，只有在各种因素全面、严格控制条件下，才能保证育苗生产中“量”和“质”目标的实现。

与传统育苗方式相比，蔬菜工厂化育苗的技术要求更高：一方面是在工厂化育苗条件下，幼苗根系发育空间小，株间距小，根际水分和养分稳定供应能力差，不利于壮苗的培育，如幼苗的株间距小，其植株下层光照弱，子叶和下位叶很容易黄化；另一方面，工厂化育苗多属商业行为，生产的绝大部分秧苗作为商品苗进行市场销售，必须符合壮苗的要求。对育苗企业而言，培育壮苗的能力是考量其技术水平的重要尺度，也是实现企业效益及可持续经营的保障。因此，蔬菜工厂化育苗企业必须在充分考虑经济效益和社会效益的基础上，要从品种选择、种子处理、基质配制、环境控制、水肥供应、病虫防治等各个技术环节进行综合考虑，确保培育出更多、更好的优质壮苗。

第一节 蔬菜壮苗的概念

壮苗对于工厂化育苗企业来讲，并非指作物单株的种苗质量，而是指一批种苗的群体质量状况，包括适宜的苗龄、生长整齐、无病虫害以及品种的优良特性等指标。理论上苗龄大小与幼苗的健壮程度无关，但是同一作物、品种不同苗龄的秧苗对蔬菜早期产量和总产量有不同的影响；同时，不同作物和品种、不同育苗季节所要求的壮苗标准对苗龄的要求也不同。因此，适宜的苗龄是培育壮苗的一个重要指标；同一批种苗，还要求生长整齐一致，整齐一致的种苗不仅反映了工厂化育苗的技术水平与管理水平，同时有利于定植后的统一管理，提高劳动生产率，直接关系到蔬菜群体的生产能力，所以也是衡量壮苗的一个重要指标；种苗是否有病虫害，同样反映了工厂化育苗的技术水平与管理水平，同时也对后期的经济产量有直接影响，无病虫害的种苗，具有一定的抗逆性，定植后容易成活，减少管理成本，有增产潜力；一批种苗的品种特性是否优良，是蔬菜优质高产的根本，通常在育苗前以客户指定品种的方式确定。

1 蔬菜壮苗的形态指标

壮苗的表现虽因蔬菜种类、生产要求等条件的不同而有所差异，但其共同特点是：生长健壮，高度适中；茎粗，节间短，叶片大而厚，叶色正，子叶和真叶都不过早脱落或变黄；根系发达，须根多；无病虫害；生长整齐，既不徒长，也不老化；果菜类秧苗的花芽分化早，发育良好。

一般在生产上大多采用数量指标来衡量蔬菜壮苗：

（1）全株干重和根干重。一般认为数值越大，秧苗越健壮。

（2）茎粗/茎高。此值越高表示秧苗越健壮。

（3）地下部干重/地上部干重（即根冠比）。此值越大，表明秧苗的根系越发达，秧苗素质也就越高。

（4）节间长度。秧苗高度除以叶片数，值越小，表明秧苗叶片越多，秧苗越健壮。

此外，还有一些复合指标，如茎粗/茎高×苗干重、（茎粗/

株高＋根干重/地上部干重）×全株干重、（根干重/地上部干部）×全株干重。

以上各项衡量秧苗壮弱的数量指标都有一个先决条件，即需在相同的育苗条件下（如相同品种、育苗方式、苗龄等），才能应用比较。表 4-1 是不同蔬菜壮苗的形态描述。

表 4-1　几种常见蔬菜壮苗形态描述

蔬菜种类	形态描述
黄瓜	3～4 片叶，叶片厚，色深；茎粗，节间短，苗高 10 厘米以下，子叶完好
番茄	8 片真叶，叶色绿，带花蕾而未开放，茎粗 0.5 厘米，苗高 20 厘米以下
辣椒	10～12 片叶，叶片大而厚，叶色浓绿；茎粗 0.4～0.5 厘米，苗高 15～20 厘米，第一花蕾已现
茄子	5～6 片叶，苗高 15 厘米左右，其他同辣椒
莱豆	1～2 片叶，叶片大，颜色深绿；茎粗，节间短，苗高 5～8 厘米
甘蓝、花椰菜	叶丛紧凑，节间短，具有 6～8 片叶，叶色深绿，根系发达
西葫芦	5～6 叶片，叶片大而肥厚，颜色深绿；茎粗
西瓜、甜瓜	3～6 叶片，叶片大而深绿，茎粗，节间短
结球甘蓝	6～8 叶片，未通过春化，下胚轴和节间要短
洋葱	2～3 叶片，株高 20～25 厘米
芹菜	4～5 片叶，株高 10 厘米

除了壮苗外，与其相对应的是徒长苗、僵化苗、老化苗、病苗，这些苗统称为劣苗。徒长苗的特征是：茎细长，节间长，叶薄、色淡，叶柄细长，子叶早落，下部叶片往往提早枯黄，根系小，这类秧苗适应性差，定植后生长发育缓慢，产量较低。僵化苗、老化苗的特征是：茎细且硬，叶片发黄，根少色暗，这类秧苗定植后生长缓慢，开花结果迟，结果期短，容易老衰。病苗的特征是：茎叶上有病斑，有的地上部虽然正常，但根部有变褐、

腐朽征状，秧苗发育迟缓。

我国蔬菜育苗中，常把叶色作为衡量秧苗壮弱的重要标志。传统的习惯认为秧苗叶色越深越好，具有墨绿、紫绿、浓绿色叶片的秧苗才是壮苗。研究证实，这种叶色是一种低温下生长的表现：当秧苗经常处于10℃以下的低温环境中，叶片内就会形成大量紫色的花青素，这些色素不仅加深了叶片的颜色，而且抑制了叶片中叶绿素的生理功能，是一种有害物质。凡是叶色过深的秧苗都有不同程度地僵化、老化，特别在蔬菜工厂化育苗过程中不存在温度过低的问题，因此叶色和秧苗的大小没有任何关系，因此叶色过深不能作为壮苗的标志。

此外，传统的经验特别强调培育矮壮苗，认为秧苗的株体矮是壮苗应具有的特征之一。在传统的育苗方法中，由于苗距较小，秧苗过高与徒长往往是联系在一起的，因此壮苗应当矮一些，所以传统的育苗技术经常对秧苗的生长采取“控”的措施，即利用少水、低温等措施来抑制秧苗的生长，从而形成秧苗“粗”“矮”的特点，但是由于“控”的结果，严重削弱了秧苗的生理活动，因此所谓“矮壮苗”中往往包含了大量僵化苗。在蔬菜工厂化育苗过程中，育苗措施由“控”为主改为促、控结合，以促为主，因此秧苗所处的环境条件比较适宜，生长发育速度大大加快，蔬菜秧苗形态逐渐高大。研究证明，只要秧苗不过分徒长，在生理苗龄相近的情况下，秧苗的高度与产量没有明显的相关性。所以，培育壮苗时不应过分强调“株矮”。

2 蔬菜壮苗的苗龄标准

苗龄是蔬菜幼苗生长发育阶段的描述，是鉴别秧苗素质的重要指标之一。苗龄因衡量角度不同可分为两种：一种是绝对苗龄（又称日历苗龄），一种是生理苗龄。绝对苗龄是以从播种至定植所经历的育苗天数来表示，如60日龄、80日龄；生理苗龄是以秧苗生长状态来表示，通过用秧苗的叶片数来衡量，如子叶苗、5叶苗、8叶苗等。这两种苗龄在传统育苗技术中是相互关联的，即绝对苗龄越长，秧苗生长量越大，生理苗龄也越大，一般常用长龄大苗来表示；对应的就有短龄小苗和适龄壮苗之分。但是在实际育苗过程中，由于育苗环境的温度、水分差异很大，育成生理苗龄相同的秧苗，其绝对苗龄相关很大；同样道理，在相同的绝对苗龄时，育苗条件的差异也可以导致生理苗龄不一致。因此，为了更好地表示幼苗的苗龄，一般采用生理苗龄和绝对苗龄相结合的方法。

2.1　生理苗龄

蔬菜秧苗适宜的生理苗龄标准，不同蔬菜种类各不相同，同一种蔬菜不同的品种也不相同。如早熟甘蓝的秧苗以5叶龄为宜、晚熟甘蓝则以8叶龄为宜，通常早熟品种比晚熟品种要小一些；同一品种蔬菜秧苗的生理苗龄在不同地区也往往掌握不同的标准，北方地区普遍认为辣椒秧苗定植的适宜苗龄是8～10叶，而江南某些地区要求的生理苗龄很大，常用已开花的辣椒秧苗定植；此外，同一品种蔬菜秧苗的生理苗龄也因栽培环境和季节的不同而有不同标准，如保护地条件下，蔬菜生育条件好，栽培的目的以早熟为主，秧苗的生理苗龄就大一些；而在露地条件下，秧苗的生理苗龄就应适当小一些。

蔬菜秧苗适宜的生理苗龄受育苗环境和设备的约束，当育苗面积大、秧苗密度小的时候，秧苗的生理苗龄可以大一些，否则易引起徒长；生理苗龄较小的秧苗定植时伤根较少，地上部需水、肥量也较少，定植后缓苗快，因此对于肥力较差的土地和比较恶劣的外界环境的适应性比大苗强；另外，从秧苗的管理方面看，培育生理苗龄较大的秧苗，需要较长的时间，增加了育苗成本，育苗后期稍不注意容易因秧苗拥挤引起徒长，而培育较小生理苗龄的秧苗就无此忧虑。

2.2 绝对苗龄

在相同的育苗环境中蔬菜秧苗的绝对苗龄与生理苗龄是正相关的，但在不同育苗条件下，两者之间却没有必然的关系。一般工厂化育苗的秧苗，其绝对苗龄较短，而利用传统露地、阳畦方式育苗，其绝对苗龄较大。在秧苗生理苗龄相同时，绝对苗龄的差异主要是由育苗温度条件决定的：在温度适宜时，秧苗生长迅速，绝对苗龄就会缩短，而在温度较低时，绝对苗龄就会延长：如番茄育苗期内的平均气温每提高1℃，绝对苗龄缩短12天。在生理苗龄相同时，绝对苗龄较长的番茄苗，其第一穗花分化较早，节位较低，看似绝对苗龄较长，秧苗定植后表现早熟，但是绝对苗龄较长的秧苗，育苗温度往往低于花芽分化的适温下限，如番茄苗在10℃以下时花芽分化受阻，分化不正常，开花时落花落果率高，畸形果增加，这对早熟性又有不利的影响，而且由于绝对苗龄较长的番茄苗的根系活性低于绝对苗龄较短的秧苗，苗期病害发生率也较高。因此，绝对苗龄过长的危害较多，往往呈现老化、僵化现象，定植后生长缓慢，缓苗期较长，影响早期产量，如茄子秧苗在5叶生理苗龄时，绝对苗龄70天的秧苗比116天的秧苗定植后早期产量提高34.8%。

秧苗绝对苗龄的长短，对育苗设施的利用率也有很大关系，苗龄过长延长了秧苗在育苗设施内占用的时间，降低了利用率，增加了管理人工，提高了育苗成本。但是在育苗中也不能一味追求缩短绝对苗龄，过分提高育苗温度，往往会造成秧苗纤细徒长，降低早期产量，如茄子在5叶生理苗龄时，绝对苗龄为55天的比70天的早期产量反而低9.7%。

不同蔬菜种类的壮苗在工厂化育苗条件下（穴盘）的绝对苗龄和生理苗龄见表4-2。

表4-2 常见蔬菜种类壮苗在工厂化育苗条件下（穴盘）的绝对苗龄和生理苗龄

蔬菜种类	绝对苗龄（天）	生理苗龄（叶片数）
黄瓜	15～25	2～3
甜瓜	30～35	3～4
辣椒	30～45	8～9
茄子	30～50	5～6
番茄	30～45	4～5
芦笋	40～45	3～5分蘖
花椰菜、甘蓝	25～30	5～6
大白菜	15～20	3～4
芹菜	50～55	5～6
生菜	35～40	45

3 种苗的内部生理生化指标

幼苗内部生理生化指标包含的内容比较多，包括叶绿素含量、氨基酸含量、蛋白质含量、各种酶的活性、细胞膜的透性等。如有研究表明，茄子秧苗在株行距为10厘米×10厘米时，在7片真叶时叶绿素含量最高（单位重量的鲜叶有含叶绿素的量），秧苗过大或过小，叶绿素含量都呈规律性的降低。这是因为当秧苗过大时，叶片遮阴、郁闭现象严重，下部叶片光照不足而黄化，降低了叶绿素的含量；而当秧苗过小时，叶片正处于生长时期，叶绿素含量尚未达到饱和状态，因此含量也不高。茄子秧苗含氮量也是衡量秧苗素质的一个指标，如秧苗株行距在10厘米×10厘米，具有5.8片叶的秧苗含氮量最高，生长越最旺盛，定植后缓苗也越快，秧苗过大或过小时，体内含氮量呈阶梯式下降。

测定种苗内部生理生化指标能更科学和全面地反映秧苗素质，但是由于需要较为复杂的仪器或设备以及复杂的操作技术，在目前的蔬菜生产领域中尚未普遍应用。多是用于研究和验证这些指标与秧苗素质或壮苗指数的关系，将这种关系转化成简单的表达方式来应用于生产。

第二节　蔬菜工厂化育苗品种选择的原则

蔬菜工厂化育苗过程中，蔬菜品种的选择与培育壮苗一样，也是十分重要的一个环节，只有培育适销对路的品种，生产的产品才有可能被市场接受，才有可能获取较好的经济效益。就蔬菜育苗企业而言，虽然大多时候只需要根据客户要求生产相应的蔬菜秧苗，但有时也会面临选择品种的问题。那么，到底应该选择什么样的蔬菜品种进行育苗呢?

与蔬菜生产一样，蔬菜育苗品种的选择应根据不同消费习惯、不同消费区域对产品的不同要求，准确地做好市场调查和定位，把握蔬菜产业发展的方向。要根据不同蔬菜种类的季节性(淡季与旺季的比例)、不同用途（鲜食、加工、专用)、区域布局，特别要依据各地自然条件和目标市场，选择相应的蔬菜种类和品种，只有这样才可能实现经济效益最大化。在育苗企业选择品种时，要根据以下几个原则，科学合理选择适宜的品种。

1　牢固树立品种更新意识

优良品种是蔬菜生产的基础生产资料，是优质、高产、高效的基础。一方面，我国对蔬菜育种研究十分重视，“七五”“八五”攻关项目（主要为番茄、黄瓜、甘蓝、白菜、辣椒五大蔬菜作物）全国组织了不同专业的科学工作者协作攻关，育成了一大批蔬菜新品种，取得了显著的经济和社会效益，新品种在抗病性、产量、品质等方面得到了很大的提高，主要蔬菜种类大多实现杂种一代化；另一方面，随着各国在农业方面使用交流的增多，国外许多优秀的蔬菜种子越来越多地涌入国内市场，这些“外来种”尽管价格偏高，但其在产量、品质以及抗性等方面均具有一定优势。因此，蔬菜种苗生产者要紧跟蔬菜种子的更新潮流，不断更换最新、最优秀的品种，充分利用最新的科技成果。

2　选择抗病性强的品种

种苗生产者要能正确理解蔬菜品种的抗病性。首先，病害始终是造成蔬菜减产的主要原因之一，选用抗病品种是丰产、稳产，降低生产成本和减少农药等对产品和环境污染的重要途径，但是一个抗病品种往往只是抗一个或几个主要病害，生产者在选择品种时应注意选择抗当地主要蔬菜病害的新品种；其次，抗病是相对的，在不合理的栽培管理下，抗病品种同样会发病，甚至还会很严重，所以在生产中仍要科学管理，防止病害的发生和蔓延，才能真正发挥抗病品种的作用；另外，从生态型差别很大的地区引进新品种时更应注意抗病性问题；最后，不能长期使用同一抗病品种，否则品种的抗病性易丧失。

3　选择品质优良的品种

现在的消费者越来越关注蔬菜的品质。优质的蔬菜产品，即使价格略高，也较易被消费者接受。所以生产者要注意选择商品性状好、营养价值高，甚至有一定保健作用的新品种。

4　选择保护地专用型品种

作为种苗生产者，要意识到随着保护地栽培面积逐步增加，提供保护地专用品种的蔬菜秧苗是今后的发展方向之一。温室、大棚等保护地栽培蔬菜，环境条件与露地不同，选择的品种应不同，而且保护地中不同的栽培季节也应选择相应的专门品种。一般而言，保护地专用品种应有以下特点：叶量不能太大，株形有利于密植和通风透光；抗当地保护地栽培中的主要病害；产量高、品质好；耐低温和弱光，番茄、彩椒等品种要易于着色，且色均匀、色正。另外，还可根据设施的特点选择相应的品种：空间较大的温室，生长期较长，栽培番茄、黄瓜等一般应选择无限生长型品种，且能保持旺盛的连续生长和结果能力；而在大棚中栽培，番茄等可选择有限或无限生长型。

5 根据不同季节选择品种

生产方式多种多样，相应的品种也很丰富，有的蔬菜在不同季节栽培对品种的要求是很严格的，如果品种选择错误，就会使生产造成大的损失。如早春反季节栽培大白菜、萝卜等，应选择早熟、抗抽薹能力强，抗病性强，前期耐低温，后期耐高温的春白菜、春萝卜类型；夏季栽培的大白菜、萝卜应选择耐热、抗病毒病和其他主要病害能力强的专用品种，而且应注意控制播种期。早春栽培花椰菜应选择中熟或晚熟的春季生态型品种，如果选择早熟品种就会出现“早花”现象；秋季宜选择早熟的秋生态型品种，如果选择春生态型品种就会造成花球出现晚，甚至不出花球。

6 根据目标市场选择品种

不同地区不同的蔬菜消费者有着不同的消费习惯，对蔬菜的商品性状要求不同。生产者在组织和安排蔬菜生产时，一定要对目标市场商品要求作充分的调研，然后再选择相应的品种。以茄子为例，在华北地区消费者一般喜欢圆茄类型，而在长江流域大多喜欢长茄类型。

7 出口蔬菜品种的选择

出口蔬菜对商品性和安全性要求更高，大多采用专用品种。如出口番茄一般选择硬果型，果实大小为中果型，红果为多。国内普遍栽培的软果型番茄不耐贮运，不能用于出口。另外，用于出口的洋葱、大葱等在球形、硬度等方面均有严格的要求，应选择专用品种。

第三节　蔬菜壮苗的培育

影响蔬菜壮苗培育的因素很多，如温室类型、种子质量、基质类型以及育苗环境等，几乎育苗的每一个环节均会影响秧苗的素质。因此，蔬菜工厂化育苗过程中，要严格把握每一个育苗环节，争取培育出更多适龄壮苗。

1　播种前的准备工作

蔬菜工厂化育苗播种前的准备工作，既包括环境消毒、温室选择等，还要针对育苗种类配制合适的基质、种子处理等，这些工作都在一定程度上影响秧苗的质量，因此一般需制订详细的工作计划，并安排专人负责，这样育苗工作才能做到有条不紊、有的放矢，确保秧苗的质量。

1.1　育苗温室选择

育苗设施要求结构坚固，覆盖材料密封性好，日光温室墙体无缝隙，育苗设施所有通风口和管理人员出入口处均覆盖22～25目防虫网。在我国北方地区，冬春季育苗选择高效节能的日光温室，并配备热风炉等加温装置；夏秋季育苗选择连栋塑料温室或玻璃温室。而在南方地区，选择连栋塑料温室或玻璃温室育苗，内设多层覆盖装置，外设遮阴装置，配置湿帘风机降温系统和地热线热风炉等加温系统。冬春季育苗采取多层覆盖，并开启加温装置；夏秋季育苗温室外覆盖遮光率为50%的遮阳网，并开启湿帘风机降温装置。

1.2　材料准备及设备调试

育苗设施消毒。播种前1～2个月，彻底清理育苗设施内及周边杂物杂草，平整设施地面，架设苗床，覆盖塑料薄膜，稳定设施内小气候。利用夏季高温休闲期，选择连续晴好天气，密闭育苗温室，连续暴晒 14 天，保持室温 60～70℃、相对湿度 80%以上；也可以利用甲醛、百菌清等进行药剂处理，完成育苗设施的消毒。

育苗物资准备。工厂化育苗必需的种子、穴盘、基质原料、肥料、农药等，按育苗量计算准备到位。

(1) 种子准备。确定适播品种，完成种子质量测定，根据种子发芽率，计算种子用量。对于已经包衣或丸粒化的种子，可不再进行种子消毒处理，但对于未经消毒处理的种子必须采取适当的消毒措施，防止种传病害的发生和传播。

(2) 基质准备。根据蔬菜种类，确定合适的基质类型，最好先期进行试验；根据确定的基质类型，按配比准备好各基质原料；选择洁净的混凝土硬化地面，或铺设干净厚塑料膜，然后在上面使用基质混拌机将有机组分（如草炭、腐熟有机肥、菇渣、树皮粉等）与无机组分（如蛭石、珍珠岩、沙子等）按照一定体积比混配均匀，形成育苗基质；根据基质的 pH 值进行调整（若基质偏酸，可通过添加白云石粉提高 pH；若基质偏碱，可通过雾喷低浓度硫酸、磷酸硝酸，降低 pH；通过添加单一或复合化学肥料调节 EC 值和养分水平，但基质必须混拌均匀，且达到蔬菜育苗基质标准；在基质原料来源明确，贮放环境良好无污染的条件下，可以省去基质消毒环节；而当基质组成复杂，无法确定基质中病原菌、害虫存在与否及数量时，应该对基质进行消毒，方法可采用蒸汽、化学药剂等。

(3) 穴盘选择。由于育苗时的营养面积与穴盘孔数有关，对于秧苗而言，72 孔穴盘的营养条件较 128 孔穴盘要好，使用 72 孔穴盘培育的秧苗质量相对好些，但应该注意的是，使用 72 孔穴盘育苗的成本较 128 孔穴盘大得多。因此，建议黄瓜、西瓜等选择 50 孔穴盘，番茄、茄子选择 72 孔穴盘，辣椒选择 105 孔穴盘，花椰菜、甘蓝类选择128孔穴盘，芹菜选择200孔穴盘。同一规格穴盘，应适当选择孔穴较深的多角形穴盘，因孔穴深利于排水，多角形较圆形利于通气。对于新购置的穴盘，用洁净的自来水冲洗数遍，晾晒干，即可使用；对于重复使用的穴盘，可采取下列步骤清洗消毒：①用肥皂水洗净污垢；②用2%～5%季铵盐或2%次氯酸钠水溶液浸泡2小时，或用70～80℃高温蒸汽消毒30分钟；③用洁净的自来水冲洗；④晾晒，使附着穴盘的水分全部蒸发。另外，建议蔬菜工厂化育苗采用聚乙烯吹塑穴盘，标准规格为54厘米×28厘米，便于管理。

设备调试。对播种设备、催芽设备、育苗设施环境调控装置、灌溉施肥装置、嫁接器具等进行调试，确保可正常使用。

2 播种与催芽

2.1 播种

将配制好的基质加水至相对湿度40%左右，并堆放24小时，保证基质湿度均一，将基质装入选定的穴盘中，使每个孔穴都装满基质，表面平整，装盘后各个格室应能清晰可见。穴盘错落摆放，避免压实，将装满基质的穴盘压穴，每穴播1粒种子，根据种子大小播种深度为0.5～1.5厘米，其上用蛭石覆盖，喷淋水分至穴盘底部渗出水滴为宜。如采用精量播种设备播种的，应该调整好各参数，进行播种。

现代化的播种一体机，功能涵盖了基质混合、基质装盘、播种、浇水等工作流程，大大降低了劳动强度，提高了工作精度，但是一般每隔30分钟左右，应该检查播种好的穴盘，确保精量播种机的正常工作。

2.2 催芽

将播种后的穴盘移至催芽室，可将穴盘错落放置，也可放置在标准催芽架上，人工控制催芽室环境温度如表4-3所示，空气相对湿度控制在95%左右，当有60%～70%种子拱起基质时，即完成催芽。对于小规模育苗模式，也可采取催芽后人工播种的方式。

表4-3 蔬菜适宜催芽温度和出苗时间

蔬菜种类	最佳温度（℃）	出苗时间（天）
西瓜	35	3
甜瓜、黄瓜、南瓜	30	3
辣椒	25	8
番茄、甘蓝	25	6
茄子	30	5
花椰菜、菠菜	25	5
生菜	25	2
洋葱、鲜食玉米	25	4
芹菜	20	7
芦笋	25	10
黄秋葵	35	6

3 环境调控

蔬菜工厂化育苗对环境要求严格，可控性强，能创造最适的环境条件，是培育壮苗的技术关键，也是获得早熟高产的前提条件。幼苗期环境条件是决定秧苗质量的重要因素，幼苗对营养面积和温、光、水、肥、气等方面的要求既严格又敏感。

蔬菜种类和品种多样，苗期发育速度和对环境条件的要求也不尽相同；各发育阶段对环境的适应性及要求也不同；育苗期间气候的易动性等特点，要求苗期环境管理具有的综合性和动态性。为了便于管理和说明，将出苗后的幼苗发育划分为4个阶段。第Ⅰ阶段：子叶平展期（出苗至子叶平展）；第Ⅱ阶段：第一片真叶发生期（子叶平展至第一片真叶展开）；第Ⅲ阶段：真叶发育期（第一片真叶展开至成苗标准规定的所有真叶展开）；第Ⅳ阶段：驯化期（培养幼苗适应环境的能力）。

3.1　温度

温度对幼苗生长的影响包括气温、地温（根际温度）以及昼夜温差三个方面。

（1）气温。育苗温室的气温条件是培育壮苗的基础条件，幼苗生长过程中，气温条件的高低对幼苗的生长速度有着极大的影响。植物的生长发育或体内的生理代谢、生化反应等生命活动，都受酶的控制，酶对温度具有敏感性，过高或过低的温度都会使酶的活性降低甚至丧失活性，从而影响幼苗生长，因此需要维持一定的温度才能保证幼苗的正常生长。植物体的温度变化受环境温度的影响，主要通过周围的热空气传导直接影响或由空气对流间接影响。此外，植物体内的新陈代谢过程中释放的化学能或由太阳能转化的热能也可以提高植物的体温；另一方面，植物还具有自身调节温度的基本功能，即依靠自身的能量通过蒸腾作用将体内一部分水分蒸发掉，使其体温降低。

不同的蔬菜作物，对气温条件的要求有差异。当气温高于幼苗生长所需的适宜范围时，尤其是夜温过高时，幼苗生长速度加快，容易形成徒长苗；当气温低于幼苗生长所需的适宜范围时，幼苗生长速度减缓，如果温度长期偏低，尤其是夜间温度偏低，白天光合作用的产物运输受阻，影响后面的光合作用，容易形成僵苗。夜间温度对幼苗花芽分化的影响也比较明显，据有关实验，夜温过高或过低，都会推迟辣椒的花芽分化；番茄幼苗在花芽分化时，如果夜温偏低，容易形成畸形果。

气温对幼苗的蒸腾作用也产生影响，低温条件下，蒸腾作用降低，幼苗对水分和养分的吸收也降低，温度升高，蒸腾作用加强，幼苗对水分和养分的吸收也加强，从而影响幼苗的生长发育。

（2）地温。幼苗根际周围的温度（基质温度）对幼苗根系的生长和养分、水分的吸收功能影响明显。在适宜的温度范围内，根系的生长速度随着地温的升高而加快，超过适宜温度范围，虽然生长速度加快，但根系瘦弱、寿命缩短，影响对养分和水分的吸收。一般茄果类蔬菜根系生长的最低温度在10℃左右，瓜类等喜温蔬菜略高一些，如黄瓜根系的生长适温为20～25℃，低于20℃根系生理活动减弱，降至12℃以下，根系停止生长，西葫芦、番茄的温度可偏低一些，但不能低于7℃。基质温度是否适宜，可以用幼苗生态指标进行判断和参考。第一，根冠比是一个重要指标。地上、地下部的干物质重量均随基质温度升高而增加，但往往地上部增长迅速。当基质温度升高至一定程度后即显出徒长的趋势，愈是耐高温的蔬菜种类愈明显。因此，采取提高基质温度的措施有其实际意义。但是不能超过适宜的基质温度。第二，株高/茎粗的比值是地上部对基质温度反应比较敏感的指标。随着基质温度的升高，株高增长快，茎粗增长慢，株高/茎粗的比值加大；愈是生长较快的蔬菜种类，在提高基质温度条件下这种趋势愈明显。在低基质温度条件下，株高/茎粗的比值较小，是因为低基质温度抑制了幼苗生长。如果在保证正常生长量的前提下，控制适当的株高/茎粗的比值有利于培育壮苗，特别在密度很大的穴盘育苗中尤为重要；反之，如果为了降低株高/茎粗的比值，而过分抑制幼苗的生长，同样不利于培育壮苗。

（3）昼夜温差。昼夜温差对培育壮苗同样有着非常重要的作用。白天保持幼苗生长的适宜温度，增加光合作用的产物，夜间降低温度，减少呼吸消耗，有利于干物质的积累，一般昼夜温差保持在10℃左右比较适宜。昼夜温差对幼苗的生长影响在外部形态上表现在节间长度、茎秆粗细、叶片大小、叶片颜色以及各器官的干重等方面。一般来讲，幼苗的茎秆粗细和干重、叶片的大小和干重与昼夜温差的加大呈一定的正相关关系。叶片的颜色随昼夜温差的增加而变深；在白天提高温度则可加速光合作用的速度，尤其在光照较强的条件下，随着温度的升高，光合作用加强，同时呼吸作用也加快；在夜间没有光合作用时温度降低，呼吸作用也减少。所以白天高温、夜间低温有利于幼苗干重的增加，但同时也增加了幼苗节间的长度。通常在一定的温度范围内提高日平均温度可以加速幼苗生长，增加幼苗的生长量。当温度继续升高超过最佳温度后，虽然生长量仍然增加，但幼苗质量下降，突出的形态表现是叶薄、色淡、地上部干重/地下部干重和株高/茎粗的比值增大（徒长），生理上讲是积累少、消耗多。降低日平均温度，幼苗形态虽为敦实，但其体内物质积累较少，生长量也较少，所以也偏离了壮苗标准。

（4）温度调控。蔬菜幼苗出土后虽然基质温度和气温同时对幼苗生长产生影响，但气温比基质温度的影响更大，起着主导作用。通常在基质温度适宜时，高气温与低气温条件下的蔬菜幼苗的生长状况相比较，高气温下的幼苗地上部干重/株高和地上部干重/地下部干重的比值较大，呈现徒长；在气温适宜时，低基质温度与高基质温度条件下的幼苗生长状况相比较，低基质温度的幼苗地上部干重/株高和地上部干重/地下部干重的比值较小，呈现敦实苗。但是与高气温下的相比，则幼苗生长量较少，特别是低气温、低基质温度条件下的幼苗生长量更小。所以，气温和基质温度在适温范围内，基质温度高低对幼苗生长的影响不大；提高基质温度可以明显促进幼苗生长，这种促进作用随着气温的升高而降低。因此，如果基质温度高，适当降低气温对培育壮苗有利；如果基质温度低，提高气温对促进幼苗生长有利。

不同的设施条件和育苗季节，对温度的变化管理要求也不同。我国北方多用日光温室进行育苗，冬季育苗时，靠温室本身蓄热保温功能维持温度的效果比连栋温室的效果好，但由于北方夜温极低，仍需增加辅助加热设施以保持幼苗生长适宜的温度。白天在条件允许的情况下，要尽量延迟揭开覆盖物，以保持温室环境温度，有条件时，还可增加电热线辅助加温，保持基质温度。用连栋温室冬季育苗时，温室效应比日光温室明显，白天光照条件好时，温室温度增长较快，但保温效果没有日光温室好，夜间降温较快，需增加辅助加热设备以维持适宜的夜温。夏季育苗一般温度都高于作物的生长适温，一方面要通过遮阳网、湿帘风机等降低温室环境温度，另一方面还要和光照管理、水肥管理等手段综合配套运用，以培育壮苗。

进行温度管理，尤其是冬季育苗，加热成本比较高，要最大限度发挥设施的蓄热保温功能，同时将其他环境调控手段与温度管理合理综合运用，在保证培育壮苗的条件下，尽量降低育苗成本。蔬菜工厂化育苗过程中，一般采用变温管理方式：①昼夜温度变化，一般昼间平均温度要大于夜间平均温度8～10℃。②发育阶段温度变化，在幼苗发育的第Ⅰ和第Ⅱ阶段，为了防止胚轴徒长和形成高脚苗，应降低日平均温度，但日最低温度应不低于12℃；在第Ⅲ阶段，按照每种蔬菜适宜的温度范围进行常规管理；在第Ⅳ阶段，应调控温度尽量接近定植地环境温度，如春季定植由于环境温度较低，幼苗驯化温度也应降低（表4-4）。

表4-4　几种常见蔬菜苗期温度管理参考指标

蔬菜种类	昼温（℃）	夜温（℃）
茄子、辣椒	25～28	18～21
番茄、西葫芦	20～23	15～18
黄瓜	25～28	15～16
甘蓝、青花菜、大白菜	18～22	12～16
芦笋	25～30	18～21
芹菜	18～24	15～18
鲜食玉米	28～28	18～20
西瓜、甜瓜	25～28	17～20
生菜	15～22	12～16

3.2　光照

光照条件直接影响幼苗的生长发育，幼苗干物质的90%～95%来自光合作用，光合作用的强弱则直接受光照条件的影响。工厂化育苗中的光照包括光照度、光质及光周期（光照时间）三个方面，它们分别对幼苗生产产生不同的影响。

(1) 光照度。光照度是指物体表面所得到的光通量与被照面积之比，单位是勒克斯（lx）。夏季在阳光直接照射下，光照度可达 6×10^4～1×10^5 勒克斯，阴天 1×10^3～1×10^4 勒克斯。

光照度对光合作用的影响最大。当光合作用需要的温度、水分、二氧化碳等因素都处于最佳水平时，光合作用随光照度的增加而加快，达到光饱和点后，光照度增加对光合作用会产生抑制作用，主要是过多的辐射热会增强蒸腾作用，直到气孔关闭。气孔关闭，阻碍了二氧化碳吸收，光合作用因此停止，影响到幼苗的生长。当光照度低时，蒸腾作用降低，根系对水分、养分的吸收量随之降低，导致幼苗生长瘦弱、节间细长、叶片较薄、根系不发达。

光照度对蔬菜作物的花芽分化也有影响，通常情况下，番茄幼苗在强光下发育快，花芽分化期提前，始花节位下降，从花芽分化到开花的时间缩短，花器大，子室多；而在弱光下则相反。然而光照度对辣椒的花芽形成时间及着生节位的影响则不明显，但对辣椒来说，光照度过弱、同化量下降、营养条件恶化，也会明显影响花芽的质量。在茄子育苗期，光照度减弱，花芽分化延迟，花器小且发育不良，长花柱花数减少，短花柱花数增多，随着光照度的降低及时间的延长，短花柱花数的比例还会继续增多。就花数而言，光照度的影响与温度有关，高温下几乎不出现光照度的影响，但在低温下光照度的影响则很大。随着光照度的增加而开花数增加；反之，开花数则明显减少。

（2）光质。光质是指光的波长，单位为纳米（nm）。光质对植物的生长发育至关重要，它除了作为一种能源控制光合作用，还作为一种触发信号影响植物的生长。光信号被植物体内不同的光受体感知，即光敏素、蓝光/近紫外光受体（隐花色素）、紫外光受体。不同光质触发不同光受体，进而影响植物的光合特性、生长发育、抗逆和衰老等。

波长在400～700纳米之间的光，对植物的光合作用影响最大，其中在蓝光到红光区域对光合作用的影响最强，红光对光合器官的正常发育至关重要，它可通过抑制光合产物从叶中输出来增加叶片的淀粉积累，蓝光则调控着叶绿素形成、气孔开启以及光合节律等生理过程。

波长为700～750纳米之间的光主要是在植物的形态建成上起作用。植物的形态主要由光敏素所决定，光敏素对红光和远红光最为敏感，二者的吸收比例决定着植物的形态。当接受的红光多于远红光时，幼苗茎秆短粗、植株健壮；反之，节间伸长，植株瘦弱。在蔬菜穴盘育苗的过程中，由于植物绿叶具有优先吸收红光的特性，所以红光被上层叶片吸收，而下层被遮盖的部分处于远红光而大于红光的环境中，为了竞争光源，则产生了高比例的远红光刺激幼苗的节间伸长的现象。

波长为300～400纳米的紫外线，有助于降低植株的高度。

（3）光周期。光周期是指昼夜周期中光照期和暗期长短的交替变化，植物通过感受昼夜长短变化而控制开花的现象称为光周期现象。根据植物的光周期现象可以把植物分为长日照、短日照和中性日照植物。在蔬菜作物中，白菜、甘蓝、芹菜、莴苣、豌豆等属于长日照作物；苋菜、茼蒿、豇豆等属于短日照作物；番茄、茄子、辣椒、黄瓜、菜豆等属于中性日照作物。对于具有光周期现象的蔬菜种类，应当根据其光周期特性和生产目的，选择适当的措施进行处理，以满足生产上的需要。

（4）光照调控。在蔬菜工厂化育苗过程中，要做到合理利用自然光源，如在自然光源不足的情况下，建议采用补光措施以维持幼苗的正常生长。在幼苗发育第Ⅰ阶段，子叶刚拱出基质时非常柔嫩，应覆盖遮光率为50%～70%的遮阳网，防止强烈的阳光灼伤幼苗（特别是子叶），随着幼苗转绿和含水量下降，再逐步揭去遮阳网；在第Ⅱ、Ⅲ阶段应尽量增加光照时间和光照度，直至到达第Ⅳ阶段，应接近定植地的光照条件。

根据在大多数蔬菜作物上的试验结果表明，育苗期间以8～12小时的光照时间为宜。北方利用日光温室进行冬季育苗时，一方面冬春季自然光照弱，另一方面，受日光温室结构的影响，以及薄膜反射、拱架、立柱等遮阳，使得温室内光照度减弱，在光照管理上，在满足幼苗生长温度条件的情况下，要尽量早揭晚盖保温被等保温材料，尽可能延长光照时间，满足幼苗生长的光照条件。使用连栋温室冬季育苗时，同样需加强光照管理，早上尽量提早收起内保温和侧保温，晚上延迟打开。连续阴雨天气，还要增加人工补光设施，利用高压钠灯、LED灯、荧光灯等补充光照。但需要指出的是，在光补偿点以下补光反而造成育苗生育期延迟，因此补光强度应当在3000勒克斯以上。夏季育苗时，由于自然光照较强，超过作物的光饱和点，抑制光合作用，产生过多的辐射热，使蔬菜幼苗叶片变白、灼伤、生长缓慢。需要利用遮阳网等材料进行遮光处理，降低光照度和温室环境温度，以利幼苗生长。

在蔬菜工厂化穴盘育苗条件下，由于育苗密度较大，幼苗上部的叶片会遮住下部的叶片，减弱了下部叶子的光照度；红光被上部的叶子吸收，远红光到达下部的叶片上，结果造成植物徒长。需要根据不同作物的叶片大小、苗龄要求长短，合理使用不同孔径的育苗穴盘，以尽量减少光照不匀造成的影响。

3.3 水分

植物一切正常的生命活动都需要水，水在植物体内的含量最大，一般含水量为70%～90%。植物的水分条件包括水在植物体内的生理作用，水分的代谢以及基质与环境湿度对植物生长发育的影响。

（1）水在蔬菜种苗体内的生理与生态作用。水在蔬菜种苗体内以两种形式存在，被原生质胶体颗粒紧密吸附或存在于大分子结构空间的水，不能自由移动，称为束缚水；存在于原生质胶体颗粒之间、液胞内、细胞间隙、导管或管胞内，以及植物体其他组织间隙中，不被吸附，能在植物体内自由移动，起到溶剂作用的水，称为自由水。自由水可直接参与各种代谢活动，是许多生化反应和物质吸收、运输的良好介质。各种物质在细胞内的合成、转化和运输分配以及无机离子的吸收和运输，都是在水介质中完成的，因此当自由水/束缚水比值高时，细胞原生质呈溶胶状态，植物代谢旺盛，生长较快，但抗逆性弱；反之，当自由水/束缚水的比值低时，细胞原生质成凝胶状态，代谢活性减弱，生长缓慢，抗逆性强。水还直接参与植物体内重要的代谢过程。在光合作用、呼吸作用、有机物质合成和分解的过程中都需要有水的参与。水还能维持细胞的紧张度，使植物保持固有的姿态，细胞的分裂和延伸需要一定的膨压，缺水可使膨压降低甚至消失，严重影响细胞分裂及延伸生长，进而使植物生长受到抑制、变得矮小。另外，在一定的环境温度变化条件下，幼苗体内大量的水分可以维持体温相对稳定，保证正常的生命活动。

（2）蔬菜幼苗体内的水分代谢。水分代谢是指幼苗对水分的吸收、运输、利用和散失的过程。根系是幼苗吸水的主要器官，吸水的主要区域为根毛区。吸水的方式有主动吸水和被动吸水，其吸水动力分别为根压和蒸腾拉力，蒸腾拉力是植物主要的吸水动力。维持幼苗体内水分平衡的途径有减少蒸腾和增加供水，后者是主要的、积极的途径。根系吸收的水分除极少部分参与体内的生理代谢过程外，其绝大部分通过蒸腾作用散失到周围环境中。所以，满足幼苗的需水要求，对其生命活动有着重要的意义。

影响根系吸水的影响因素有很多，主要有基质水分状况、基质通气状况、基质温度以及基质中溶液浓度等。

基质中的水分状况：基质中的水分含量对根系吸水有较大的影响，通常是基质中的毛管水越多越有利于根系吸水，但是基质中的水分含量一般在60%～80%为最佳水分状况，超过这个范围都不利于根系吸水。因为蔬菜幼苗只能利用基质中毛管水，所以干旱最不利于根系吸水。

基质通气状况：基质通气良好时呼吸正常，根系生长良好有利于吸水。然而，基质中水分过多，基质通气状况不好，会阻断根系的氧气供应，妨碍有氧呼吸，根系同样吸水困难，对植物造成损害。

基质温度：基质温度影响着根系的生理活性。在一定温度范围内随温度升高根系水吸收和运输加快，但是基质温度过高或过低也都影响根系吸水。

基质中溶液浓度：基质中溶液浓度过高，基质水势降低，如果低于根系内的细胞水势，幼苗则不能吸水反而失去水分，将导致生理性干旱。如果施肥过多或集中，使局部基质溶液浓度过高，将导致“烧苗”。

植物体内的水分可以通过气孔、角质层、皮孔向外界扩散，这种扩散的过程称为蒸腾作用，其中气孔的蒸腾可占总蒸腾量的80%～90%。蒸腾作用在植物生理活动中具有十分重要的意义，是幼苗生长发育过程中必不可少的生理活动。蒸腾作用在植物体内所造成的水势梯度是植物吸收和运输水分的主要驱动力；蒸腾作用能够降低植物体和叶片温度，可防止叶温过高，避免热害；蒸腾作用还有助于根部吸收的无机离子转运到植物体的各部分，满足生命活动需要。

影响蒸腾作用的因素主要有光照、湿度以及空气流动等。①光照是影响蒸腾作用的最主要的外界条件。光照可以提高叶面和环境温度，使叶片内外的蒸汽压差增大，气孔开放，蒸腾加强。②环境湿度。环境湿度增大时，叶片内外蒸汽压差变小，蒸腾作用减弱；反之蒸腾作用加强。如果环境湿度低，幼苗会关闭气孔，停止生长，使茎枝粗壮，抗逆性增强，根系发育更好；如果过分增加环境湿度，幼苗易徒长。③空气流动。微风能将气孔边的水蒸气吹走，补充一些蒸汽压低的空气，蒸腾速度加快。强风可明显降低叶温，使保卫细胞迅速失水，导致气孔关闭，进而使蒸腾显著减弱。湿润空气的流动不利于蒸腾，而蒸汽压很低的干风有利于促进蒸腾。

此外，凡是影响根系吸水的各种基质条件（如土温、基质通气、基质溶液浓度等），均可间接影响蒸腾作用。

（3）水分调控。蔬菜穴盘育苗时通常是根据基质含水量来进行浇水，一般幼苗生长较好的基质含水量为60%～80%。一般地，在蔬菜工厂化育苗过程中，每次灌水应将整个穴盘的基质浇透，以排水孔有水珠溢出为止，在幼苗生长的第Ⅰ、Ⅱ阶段，应延长灌水时间间隔，适当降低基质含水量，防止幼苗徒长；在第Ⅲ阶段，保持基质正常的干湿交替，不可使基质太干甚至表面结皮，以免下次灌水时水分无法下渗，基质也不可太湿，以免幼苗含水量过高；在第Ⅳ阶段，应适当降低基质含水量，提高幼苗对定植地的适应性。

3.4 二氧化碳

植物光合作用的基本原料是CO_2，空气中CO_2含量一般占总体积的0.033%，远低于光合作用的最适浓度，尤其在设施栽培条件下，CO_2经常处于亏缺状态，因此在适宜浓度范围内进行CO_2施肥，对提高幼苗光合作用强度，增加干物质积累是十分必要的。

在幼苗期增施CO_2可显著促进幼苗生长，这已经作为一条成功的经验被广泛推广。在幼苗发育期间，于第Ⅱ、Ⅲ、Ⅳ阶段均可以采用CO_2施肥器或CO_2气瓶等进行苗期CO_2施肥，使育苗设施内CO_2浓度提高到800～1 200毫克/升；由于在第Ⅰ阶段，幼苗光合能力很小，可不实施CO_2施肥。

在施用CO_2时应当注意以下几点：采用高浓度的CO_2进行蔬菜穴盘育苗时，白天室内温度需要提高3～6℃，同时要尽量提供更多的光照；如果采用补光育苗，应该在补光时持续提供CO_2，光照充足才需要更多的CO_2，如果光照受限时，过多的CO_2会影响生长；如果温室内湿度太高，会降低蒸腾作用，影响叶片气孔开张，减少CO_2的进入量，所以此时增加CO_2浓度意义不大；随着CO_2的增加和光合作用的提高，植物会需要更多的养分和水，以保证根和茎叶的加速生长及叶片的迅速扩大，因此需要增加施肥次数以满足植物快速生长的需要。另外，二氧化碳的施用应当在白天进行，施用二氧化碳时要关闭风扇和通风口。

3.5　养分

养分对于植物的生长至关重要，矿质营养可以维持植物生长和代谢的需要。了解植物的矿质营养是合理施肥、提高秧苗质量的理论基础。

（1）植物对营养元素的吸收。蔬菜幼苗对矿质元素的吸收有被动吸收和主动吸收，其吸收性能主要与溶质的跨膜传递有关，跨膜传递的方向取决于养分在膜两侧的电化学势梯度。养分顺其电化学势梯度进行转移称为扩散，扩散不需要消耗代谢能量，属于被动吸收，包括简单扩散与协助扩散；养分逆其电化学势梯度进入细胞，为主动吸收，主动吸收消耗代谢能量，具有选择性、饱和性以及离子的竞争。主动吸收会导致养分在蔬菜幼苗体内的积累。

根系是植物体吸收矿质元素的主要器官，根尖的根毛区是吸收离子最活跃的部位，其吸收速率主要受基质的温度、通气状况等条件的影响。

基质温度：基质温度过高或过低都会使根系吸收矿物质的速率下降。如果超过40℃的高温可使植物体内酶钝化、影响代谢，也可使细胞透性加大而引起矿物质被动外流；温度过低，代谢减弱，主动吸收慢，细胞质黏性也增大，离子进入困难，基质中离子扩散速率降低。

基质通气状况：根系吸收矿物质与呼吸作用密切相关。基质通气状况好，可以增强呼吸作用和生物能量的供应，促进根系对矿物质的吸收。

基质溶液的浓度：基质溶液的浓度在一定范围内增大时，根系吸收离子的量也随之增加。但当基质浓度高出特定范围时，根部吸收离子的速率就不再与基质浓度有关，主要是由于根系细胞膜上的传递蛋白质数量有限所致，而且基质溶液浓度过高，基质水势降低，还会造成根系吸水困难。因此育苗中不宜一次施用化肥过多，否则不仅造成浪费，还会导致“烧苗”。

基质pH值：首先，基质pH值直接影响蔬菜幼苗根系的生长发育，大多数蔬菜幼苗根系在pH5.5～6.5的环境中生长良好。其次，基质pH值影响基质微生物的活动，从而影响根系对矿物质的吸收，当基质pH值较低时，根瘤菌会死亡、固氮菌失去固氮能力；当基质pH值较高时，有利于反硝化细菌等有害微生物的活动，而不利于幼苗的氮素营养。第三，基质pH值会影响矿物质的可利用性，当基质pH值较低时，有利于碳酸盐、磷酸盐、硫酸盐等的溶解，从而有利于根系对这些矿物质的吸收，但同时也会引起P、K、Ca、Mg等元素的淋失，Al、Fe、Mn等元素的溶解度增大，造成毒害；相反，当基质pH值增高时，Fe、Al、Ca、Mg、Cu、Zn等会形成不溶物，有效性降低。

（2）蔬菜幼苗的需肥特性。首先，不同蔬菜种类对矿质元素的需要量和比例不同，因此要结合蔬菜的不同生长习性和时期，选择肥料的种类、用量、施用方式和时间。其次，在蔬菜幼苗生长发育的不同时期，对矿质元素的需要情况也不同，应注意蔬菜幼苗对缺乏矿质元素最敏感的时期矿质营养的最大效率期，做到适时、适量，用肥少而效率高。

（3）合理施肥的指标。合理施肥的指标包括形态指标和生理指标。

形态指标：蔬菜幼苗体内营养元素不平衡（过多或缺少），均能在秧苗外部形态如株型、叶形、叶色等方面有所反映（表4-5）。形态指标直观，便于掌握。虽然形态指标往往易受环境因素影响，不易准确判断，且往往滞后于生理反应，但对于生产者而言，通过形态指标准确判断出幼苗元素情况是必须掌握的技能之一。

表 4-5　营养元素失调对植物的影响

症状在老组织上先出现（N，P，K，Mg，Zn 缺乏）：

　不易出现斑点（N，P）：

　　新叶淡绿，老叶黄化枯焦，早衰…………………………………… 缺氮

　　茎叶暗绿或呈紫红色，生育期推迟………………………………… 缺磷

　容易出现斑点（K，Zn，Mg）：

　　叶尖及边缘先枯焦，症状随生育期而加重，早衰………………… 缺钾

　　叶小，斑点可能在主脉两侧先出现，生育期推迟………………… 缺锌

　　脉间明显失绿，有多种色泽斑点或斑块，但不易出现组织坏死………

　　……………………………………………………………………………… 缺镁

症状在幼嫩组织先出现（B，Ca，Fe，S，Mn，Mo，Cu）：

　顶芽容易枯死（Ca，B）：

　　茎叶软弱，发黄焦枯，早衰……………………………………………… 缺钙

　　茎叶柄变粗、脆，易开裂，开花结果不正常，生育期延长……… 缺硼

　顶芽不易枯死（S，Mn，Cu，Fe，Mo）：

　　新叶黄化，失绿均一，生育期延迟…………………………………… 缺硫

　　脉间失绿，出现斑点，组织易坏死…………………………………… 缺锰

　　脉间失绿，发展至整片叶淡或发白…………………………………… 缺铁

　　幼叶萎蔫，出现白色斑点，果穗发育不正常……………………… 缺铜

　　叶片生长畸形，斑点散不在整片叶上 ……………………………… 缺钼

生理指标：一般来讲，生理指标往往比形态指标更为精确，常用的生理指标有：通过叶片营养分析得出的叶片中矿质元素含量；叶片中酰胺含量可以用于判断氮素水平；某些酶活性是一些特定矿质元素的指标。

（4）养分调控。一直以来，工厂化育苗均采用营养液浇灌的供养方式。营养液的配制是养分供应的关键，随着幼苗发育应逐步加大施肥量（包括施肥频度和施肥浓度）。通常在第Ⅰ阶段，不需施肥，基质中所带启动肥料可以满足幼苗发育需要；在第Ⅱ阶段后期，根据幼苗叶色可每周施用1次氮浓度50～100毫克/升的完全肥料；在第Ⅲ、Ⅳ阶段可每周施用2次氮浓度200～300毫克/升的完全肥料。

4 株型调控

4.1 机械调控

机械调控植株的方法包括拨动法、阻压法、增加空气流动法等，促进幼苗乙烯、脱落酸合成，抑制细胞分裂素合成，从而控制徒长苗的发生，形成良好的株型。

（1）拨动法。不定期拨动幼苗植株，会使株高明显降低。番茄、茄子幼苗子叶平展期，每日拨动2次，每次40回，株高比对照（未拨动）幼苗分别降低40.7%、35.8%，幼苗定植后产量没有差异。有研究表明，为有效控制番茄、黄瓜幼苗徒长，每天至少需要拨动1次。拨动时，为避免刮伤叶片，尽量选择柔软、光滑的工具，如塑料薄膜纸张、无纺布等。

（2）阻压法。在穴盘苗生长期间，采用平面材料压迫幼苗茎的生长点，也可以起到控制徒长的作用。用5毫米厚丙烯醇薄片或玻璃阻压番茄幼苗顶部生长点，幼苗株高降低、茎基部不定根增多、叶趋于水平；豌豆幼苗经阻压处理后，第二节间长度降低74.3%，茎粗增加1.6倍。需要注意的是，阻压处理可能会导致秧苗茎的弯曲，而不利于机械移植。

（3）空气扰动法。通过风机或风扇，加大育苗温室苗床上空气对流强度，扰动幼苗植株，幼苗生长速度下降；空气对流还提高室内温度、CO_2 分布均匀性和叶片蒸腾速率，减小 CO_2 扩散阻力，提高光合速率，幼苗表现生长健壮且整齐一致。0.5 米/秒空气流速处理，甜瓜幼苗与对照（未增强通风）相比，株高降低 19.3%，茎粗、叶片厚度、全株干质量、壮苗指数分别增加 3.2%、65.5%、32.7% 和 23.1%。番茄等幼苗也取得相似的试验效果。

4.2　化学调控

使用植物生长调节剂是控制蔬菜幼苗株型的一种简单且行之有效的方法，可有效提高幼苗质量。植物生长调节剂主要通过抑制幼苗体内赤霉素的合成和分生组织细胞伸长，从而控制植株的高度。应用植物生长调节剂时，要根据蔬菜种类或品种施用时期，选择适宜的浓度、施用方式和次数。环境条件特别是温度，对生长调节剂施用效果有影响，如番茄幼苗施用烯效唑后，高温弱化施用效果，低温加重施用效果。为此，在大规模应用前，尽量做好细致准确的试验，避免因生长调节剂施用不当造成不必要损失。

（1）嘧啶醇（A - Rest）。A - Rest 由 SePro 公司生产，活性大于丁酰肼、矮壮素，通过叶面喷施或灌根的方法很容易被植物吸收利用。A - Rest 在幼苗上常用浓度范围 5～25 毫克/千克。由于其成本较高，限制了这种化学制剂的使用。

（2）丁酰肼（B_9）。B_9 又称比久，主要通过叶面喷雾的方法施用。被幼苗叶片吸收后，易于在体内移动，可以到达幼苗的所有部位，常用浓度范围 1 250～5 000 毫克/千克。高温下，B_9 很容易从叶片上挥发，限制了实际进入幼苗体内的数量及其应用效果。因此，B_9 在北方育苗中应用效果优于南方。

（3）多效唑（PP_{333}）和烯效唑（S_{3307}）。PP_{333} 和 S_{3307} 都属于三唑类化合物，作用相似，影响赤霉素合成途径上的相同部位。PP_{333}、S_{3307} 在植物体内不容易移动，采用灌根法应用效果较好，这两种生长调节剂可以被根直接吸收，并且能运输到生长点发挥作用，但不能被叶片吸收。PP_{333}应用浓度范围为 2～90 毫克/千克，S_{3307}为 2～45 毫克/千克。PP_{333}处理使幼苗矮化和叶片变小，主要是由于细胞变短（细胞长度减小 25%），而不是抑制细胞分裂而引起细胞数量的减少；使叶片加厚（叶片厚度增加 46.6%）；茎增粗（茎直径提高 25%），主要是由于促进细胞分裂使细胞排列层次增多，而不是细胞体积的增大。值得注意的是，有些瓜类蔬菜如黄瓜，对三唑类化合物非常敏感，容易产生抑制过度问题，应谨慎施用。

(4) 矮壮素（CCC）。CCC 是 2-氯乙基三甲基氯化铵的简称，属于季铵型化合物。CCC 可以叶面喷施，也可用作根施，使用浓度范围为 750～3 000 毫克/千克。其主要抑制牻牛儿焦磷酸（GGPP）向内根—贝壳杉烯类物质转化，从而可使株型矮小、紧凑、茎秆粗壮。

表 4-6 是植物生长调节剂在蔬菜穴盘育苗生产上的应用效果。

表 4-6 植物生长调节剂在蔬菜穴盘育苗生产上的应用

生长调节剂	蔬菜种类	处理方式	浓度范围（毫克/千克）	应用效果
PP_{333}	番茄	浸种	≤250	100 毫克/千克浸种 1 小时，可有效控制下胚轴徒长，对后期生长有较小的抑制作用
PP_{333}	辣椒	浸种	100	株高降低 21.37%，根冠比增加 12.20%，产量提高 10.8%
S_{3307}	番茄、黄瓜	浸种	≤40	最佳处理浓度为 20 毫克/千克（番茄 5 小时，黄瓜 4 小时），控制幼苗徒长，提高产量
B_9	番茄	浸种	6 000～15 000	6 000 毫克/千克浸种 24 小时，壮苗效果较好，幼苗根冠比、壮苗指数提高，叶绿素含量及根系活力增强

（续）

生长调节剂	蔬菜种类	处理方式	浓度范围（毫克/千克）	应用效果
CCC	番茄、黄瓜	叶片喷施	25～100	幼苗株型紧凑，达到壮苗效果，最佳处理浓度为25毫克/千克
B_9、CCC、PPP_{333}	樱桃番茄	叶片喷施	—	效果较好，株高比对照降低20%，有效作用时间达21天

5　病害防治

对于培育壮苗来讲，病虫害的合理防治是一个十分重要的环节，其具体技术在下一章专门讲述。

6　秧苗运输

作为商品的蔬菜秧苗，在地区间流动是正常的事。在发达国家，如美国、荷兰、法国、意大利等，蔬菜育苗工厂培育的大批量蔬菜商品苗，多数或全部运往异地销售种植。我国由于长期以来蔬菜产销体制基本上是“就地生产，就地供应”，蔬菜秧苗作为商品在异地销售的情况不多，但随着蔬菜商品性生产的发展，特别是蔬菜育苗产业的发展，以及交通条件的改善，育苗工厂的规模化、商品化生产，异地销售也越来越受到重视。作为蔬菜工厂化壮苗培育技术的延伸，秧苗运输是实现经济价值的最后一个环节，其水平的高低直接决定了蔬菜秧苗的商品化程度以及蔬菜工厂化育苗企业（中心）的经济效益。

6.1　异地育苗的意义

异地育苗的最大优越性是能够充分利用育苗地区的气候、资源、资金、技术等各方面的优势，降低育苗成本，提高秧苗质量，并以此形成育苗产业，大批量的生产商品苗。其意义主要表现在以下三个方面：

一是可以充分利用纬度差、海拔高度差或地区间小气候差，节约育苗能耗，提高秧苗质量，降低育苗成本。我国春季南北之间温差很大，南方可以用露地或简易保护地育苗时，北方可能还要利用加温温室育苗；夏季气候比较温和的地区或海拔较高的山区，可以为夏季炎热或平原地区的夏秋季、秋延后栽培培育秧苗，利用这种差异发展异地育苗是可行而有效益的，还可明显提高秧苗质量，减轻苗期病害的发生。

二是可以充分利用资源及技术优势，为异地培育成本较低、质量较高的蔬菜秧苗。蔬菜育苗的集约化、机械化程度越高，对设施及技术的要求也更严格。一般在新发展的菜区如远郊、农区或技术比较落后的地区，要建设水平较高、育苗设施比较完善的育苗基地是比较难的，而在资源优势及技术优势较强的地区发展蔬菜育苗企业，运输至上述地区，对发展新兴菜区蔬菜生产会起到一定的推动作用。

三是有利于较大范围内形成较完善的蔬菜产业体系，推动蔬菜商品性生产发展。蔬菜产业体系的形成是促进商品性生产发展的重要条件之一。就一个地区来看，在较短时间内，建立起完善的蔬菜产业体系不仅难度较大，而且也会受到种种条件的限制而影响效益的提高，成为发展蔬菜产业的限制因子。如果利用地区间资源的差异和市场范围，建立较大范围内的产业体系结构，就有可能加快产业体系建设的进程，促进蔬菜育苗企业和生产的发展，取得更大的经济效益和社会效益。

6.2 秧苗的运输

蔬菜秧苗与其他商品的运输销售一样，要根据用户鉴定的合同，按时运到用户所在地，同时蔬菜秧苗又是活的幼嫩个体，运输条件、方法与技术等都会对运输过程中的秧苗产生一定的影响，所以运输秧苗必须做好以下两方面的工作：

一是运输前的准备工作。作好运输计划，其中包括运输数量、种类、时间、工具及方法，并通知用户方作好定植的准备工作；注意天气预报，确定具体起程日期，通知育苗场及用户，并做好运前的防护准备，特别在冬春季由南向北运苗，应做好秧苗防寒防冻准备；运前秧苗包装工作应加速进行，尽量减少秧苗的搬运次数，将损失降到最低程度。

二是选用合适的包装容器及运输工具。秧苗运输的包装箱有许多种，有专为运输一定种类秧苗特制的包装箱，但一般都是用纸箱、木箱、塑料箱等包装。作为一个常年进行秧苗生产的育苗公司，必须制作有本公司商标且较适用的包装箱。包装箱质量按运输距离可有不同，距离较近的，可用简易的纸箱、木箱，以降低包装成本；远距离运输的，就考虑箱的容量，能多层摆放以充分利用空间，且容器有一定的强度，能经受一定压力和运输途中的颠簸。从快速、安全、保质的角度看，运输工具以具恒温保温的汽车为好，具有调温、调湿装置的汽车更为理想，由育苗工厂运至异地定植场所的过程中无须多次搬动，以免秧苗受损。秧苗重量不大，但装箱后体积不小，为节约运输费用，应采用大容量的运输汽车，可降低运输成本。对于价格较高的秧苗或运输成本合算的情况下，也可采用飞机空运。

第五章

蔬菜工厂化育苗的病虫害防治

秧苗质量的判断标准之一就是培育无病虫害的幼苗，在蔬菜工厂化育苗过程中能否有效地防止病虫害发生、传播是育苗成败的关键。由于工厂化育苗采用的是集约化生产模式，因此在病虫害的发生和传播上表现出两个特点：一是管理精细，秧苗生长旺盛，田间荫蔽，而且育苗温室里的温度、湿度等环境条件非常适宜病虫的滋生繁殖，病虫害的发生和传播非常迅速；二是管理相对集中，有利于病虫害的预防与控制。

第一节　生理性病害的种类与防治

生理性病害是由非生物因素引起的植物代谢异常所表现出的不良症状，也称非侵染性病害。引起生理性病害的非生物因素主要包括营养元素缺乏、水分失调、低温、高温、强光、肥料和农药使用不合理等。

蔬菜工厂化育苗的季节往往安排在寒冷的冬季或炎热的夏季，外界环境并不很适合蔬菜生长发育，加之工厂化育苗在管理过程中的特殊性，因此稍有不善，蔬菜秧苗极易发生生理性病害。

1　低温伤害

1.1　低温伤害的原因及症状

低温对秧苗的影响可分冷害和冻害。蔬菜工厂化育苗温室，保温性能相对优于生产设施，因此发生冻害的概率非常小，而冷害较为多见。当育苗设施内温度降至 10℃以下时，幼苗容易发生冷害。

发生冷害时，幼苗叶片出现水渍状斑点，叶片萎蔫、黄化。随着温度的进一步降低或低温持续时间延长，冷害逐渐加重，可导致部分子叶或部分真叶萎蔫干枯甚至死亡。冷害还会造成幼苗不发新根、生长缓慢，甚至成片死亡。西瓜、甜瓜、黄瓜、南瓜、茄子、辣椒等蔬菜幼苗易受冷害。有些时候，冷害在苗期不表现出症状，但定植后会发现缓苗较慢、结果节位下降、先期抽薹等。如番茄苗期较长时间处于12℃以下的低温，第一穗果节位可能从第九节位降至第六节位，并且果实畸形率增加，说明低温严重影响幼苗的花芽分化；绿体春化型蔬菜的幼苗在6～7叶期遭遇一定时间的8℃以下低温，定植后极易先期抽薹。另外，冬春季盘苗灌溉时如水温过低，幼苗根际降温过快，会抑制根系发育，如果再遇基质排水不良，很容易发生沤根现象。

1.2 防止低温伤害的措施

为了防止蔬菜幼苗低温伤害的发生，首先应做好育苗设施结构的优化设计，提高设施的建筑质量和保温性能；其次，育苗设施必须配置增温设备，如水（气）暖加温系统、热风炉、地热线等，并且在播种前认真检修、贮备燃料，确保正常使用；再者，育苗期间密切关注天气变化，对突然来临的寒流提前做好预防准备；最后，选择耐寒品种，增加低温锻炼，喷施化学诱抗物质，如油菜素内酯、壳聚糖等，对于提高低温抗性也有一定作用。

当幼苗冷害已经发生时，在恢复期间室内和苗床的温度要缓慢提高，光照较强时还要适当遮阴，严禁冷害后幼苗接受高温、强光。

2 干旱伤害

2.1 干旱伤害的原因和症状

若育苗基质缺乏自由水，幼苗根际水势下降，造成根系吸水困难，整株幼苗含水量下降，影响幼苗正常生理代谢（细胞膨大、物质运转、同化或异化作用等）对水分的需求，蔬菜幼苗生长发育缓慢或停滞，造成叶色深绿，叶表面蜡质增多，茎木质素积累，根系色泽由白变暗，根毛减少，茎顶端簇生花器（俗称花打顶），随着水分的进一步缺乏，幼苗叶片萎蔫，水分缺乏再严重导致幼苗褪绿黄化，根系黄褐色，根尖细胞和根毛死亡，整株幼苗干枯死亡。

蔬菜幼苗根际水势下降主要由两种因素造成：一是灌水量小或灌水不及时，夏季育苗时，太阳辐射强，气温高，空气相对湿度较低，再加上设施通风量大、空气对流剧烈、幼苗蒸腾作用旺盛、基质表面和排水孔水分蒸发较大，育苗基质很容易失水，造成幼苗干旱；二是基质启动肥添加量过多或育苗期间施肥浓度过高，基质中可溶性盐离子过多，水势下降，即使基质水分含量较高，但难以被根系吸收，也会造成幼苗干旱，这种干旱也称“生理干旱”。

2.2 防止干旱伤害的措施

针对两种干旱情形，在进行蔬菜工厂化育苗时，应注意以下环节：一是育苗期间基质湿度的监控，可以采用感官观测，通过基质色泽、穴盘重量、指尖感应等判断，也可以安装湿度探头和传感器进行实测，在夏季晴朗高温的日子，还要一日多次观测，确保基质湿度在65%以上，必要时取出基质观测，当幼苗根系成坨后还可以拔出幼苗根系观测，准确判断基质水分状况。二是每次灌水应确保灌透，否则基质表面看似水分充足，但基质内部缺水。三是基质添加启动肥或幼苗生长期间施肥的施肥量、施肥浓度、施肥间隔时间等要严格控制，采取科学的取样方法和标准的测定方法，测定基质初始EC值和育苗期基质EC值，当基质可溶性盐离子浓度过高时用纯水及时冲淋，可以有效降低基质盐离子浓度。四是要注意灌溉的水质，防止灌溉水盐离子浓度过高。五是基质填装时，使基质预湿至湿度50%左右，如果基质干燥状态下填装，受表面张力作用灌溉水很难渗下去，出现孔穴表面流水而孔穴基质中下部完全干燥的现象。

3　沤根

3.1　产生沤根的原因及症状

许多人把幼苗沤根只归结于基质水分过多造成的根际缺氧，这是片面的理解。其实沤根是根际缺氧、低温、有毒物质积累等多种因素造成的。当基质温度长期低于20℃，甚至15℃时，再加上浇水过量，基质内外气体交换受阻、氧气不足、根系代谢释放的CO_2等有害物质积累，基质微生物有氧呼吸减弱、厌氧呼吸增强，幼苗根系不发新根或不定根，根表皮变褐后腐烂，子叶和真叶变薄、呈黄绿色或乳黄色，叶缘焦枯，幼苗地上部萎蔫，沤根严重时成片干枯，病苗容易拔起，没有根毛，主根和须根变褐腐烂。

3.2　防止沤根的措施

针对沤根的发生原因，可以从提高基质温度、排水性和维持微生物菌群多样性三方面予以控制。一是铺设地热线或在苗床下增加加温管路，使秧苗根际温度保持在18～25℃；二是在基质配制时，维持一定的基质水气比和持水力，防止基质排水不畅；三是在低温阴雨天应少量灌溉，避免灌溉过量，若设施内温度允许，可适当增加通风，排除基质表面湿气，带动基质内部气体交换；四是在基质配制时加入0.2%～0.4%的植物促生菌剂，如枯草芽孢杆菌、地衣芽孢杆菌等，利用有益微生物抑制腐败微生物生长繁殖。

4　缺素症

4.1　缺素症发生的原因

缺素症就是蔬菜秧苗由于某种或多种营养元素缺乏引发的异

常症状。在植物已知的16种必需营养元素中，C、H、O可以从空气中获得，基本可以满足蔬菜幼苗发育需求，一般不会出现缺乏症状。

当施肥浓度过低、间隔时间过长，营养元素供应总量不能满足幼苗的需要；营养元素供应不平衡，某种营养元素供应量偏高，拮抗另一种元素的吸收；灌水量大，造成营养元素淋失严重；基质pH不适宜，营养元素有效性降低，幼苗无法吸收利用（如在中性或碱性基质中，Fe、Mn、Zn、Cu、B等元素易发生沉淀作用或吸附作用而使其有效性降低；P在酸性基质中，则易与Fe、Al、Ca发生化学变化而沉淀，有效性明显下降）；基质温度不适宜，温度高于30℃或低于15℃时，幼苗根系发育不良，根毛少、吸收面积小。以上这些情形，均可导致蔬菜幼苗缺素。

4.2 防止缺素症的措施

防止蔬菜幼苗缺素症，一是营造良好的根际环境，包括根际温度、湿度、氧气浓度等，促进根系健康生长发育，增强根系对营养元素的吸收和向上供应能力；二是适时监测调整育苗基质pH值，确保营养元素在基质中的活化、有效状态；三是制订良好的施肥计划，要根据育苗茬口、蔬菜种类、幼苗发育时期，选择适宜的肥料种类、施肥浓度和施肥时间，保证营养元素供应的适量、平衡。

第二节 传染性病害的种类与防治

传染性病害是由致病真菌、细菌、病毒、类菌原体、类病毒、线虫及寄生性种子植物等侵染引起的蔬菜幼苗组织代谢异常和不良症状，常常表现为坏死斑、叶色斑驳、卷叶、倒伏、根系褐腐或枯死。传染性病害会直接影响成苗率、商品性状和育苗效益。此外，携带病原的秧苗定植田间后，会很快发展成为发病中心，起到病原传播、扩散的负面作用。由于蔬菜工厂化育苗多在相对封闭的设施环境中进行，具有高湿、适温、弱光、空气流动小等小气候特征，客观上为病原物的存活、繁殖提供了良好场所；蔬菜秧苗含水量高、保护组织不发达，又为病原物的侵染提供了良好的寄主。因此，在育苗过程中，需要对传染性病害引起高度的重视。

1　传染性病害发生的条件

传染性病害发病必须同时满足3个条件，即病原物、合适的寄主、优越的环境条件。

1.1　病原物

蔬菜育苗环境及器具如基质、种子、苗床、地面、空气、肥料、水源、操作机具等均可携带致病真菌、细菌、病毒等。病原物分专性寄生物和非专性寄生物，专性寄生物只能从活的寄主细胞和组织中获得养分，否则不能存活，也不能在人工培养基上培养；非专性寄主生物既能在寄主活组织上营寄生生活，又能在死亡的病组织上营腐生生活，还可以在人工培养基上生长。寄主性越强，危害性也就越弱。

病原物对寄主的破坏作用主要是消耗寄主的养分和水分；分泌各种酶类，消解和破坏植物组织和细胞；分泌毒素，使植物发生中毒；分泌刺激物质，促使植物细胞分裂或抑制细胞生长；改变植物的代谢过程等。

1.2　寄主

寄主是能提供病原物营养，维持病原物生存、繁殖的有机体。在蔬菜育苗过程中，可以是幼苗、杂草或残株等。

不同种类或品种的蔬菜幼苗受遗传特性的影响，对同一病原物可以表现为感病、耐病、抗病、免疫4个类型。感病是幼苗遭受病原物侵染而发生病害，生长发育受到显著影响，甚至引起局部或全株死亡；耐病是幼苗受病原物侵染后，虽然再现出典型症状，但对其生长发育没有显著影响；抗病是幼苗对某种病原物具有抵抗能力，虽不能完全避免被侵染，但局限在很小的范围内，只表现出轻微发病；免疫是幼苗对某种病原物完全不感染或不容易遭受侵染而发病。

1.3 环境条件

病害的发生与环境条件密切相关。病原物侵入、潜育、流行都需要适宜的环境条件，其中温度和湿度影响最大。大多数真菌孢子的萌发，游动孢子和细菌侵入都需要水分才能进行，所以高湿环境病情严重；温度影响细菌、线虫的活动和繁殖，也影响真菌孢子的萌发和侵入速度。在适宜温度范围内，温度越高，潜育期越短。高湿、适温条件有利于病原物新繁殖体的产生和病害的流行。

2 传染性病害的发生过程

传染性病害的发生具有一定的过程，包括从病原物与幼苗感病部位相接触开始，到幼苗发病所经历的全过程，简称病程。这一过程可分接触、侵入、潜育和发病 4 个时期。

接触期是指病原物与幼苗感病部位相接触到侵入前的时候。根据病原和寄主接触的方式、时间长短，常可决定病害的防治措施。

侵入期是从病原物侵入幼苗组织到与幼苗建立共生关系为止的一段时间。病原物侵入幼苗的途径有 3 条：一是直接侵入，病原物直接穿过幼苗表皮；二是通过幼苗的气孔、水孔、蜜腺等自然孔口侵入；三是从伤口侵入。不同病原物侵入途径不同，如病毒只能从活细胞的轻微新鲜伤口侵入，细菌可从伤口和自然孔口侵入，真菌从上面 3 种途径均可侵入，线虫则用口器刺破植株表皮直接侵入。

潜育期是从病原物与幼苗建立了寄生关系到表现明显症状为止的一段时间。潜育期是病原物在幼苗体内吸取营养而生长蔓延为害的时期。有的病原物局限在侵染点附近，称为局部侵染，如叶斑菌、炭疽病菌；有的病原物则从侵染点扩展到各个部位，甚至全株，称为系统性侵染，如各种花叶病毒病。

发病期是指症状出现后的时期。病害发展到这个时期真菌性病害往往在病部产生菌丝、孢子、子实体等；细菌性病害产生菌脓，肉眼可见。

3　病原传播扩散方式

病原物的传播主要依赖外界因素，其中有自然因素和人为因素，自然因素中以风、雨、水、昆虫传播为主；人为因素中以种子调运贮藏、农事操作和农业机具的传播为主。

3.1　种子传播

病原物有的寄生在种皮内，有的附着在种皮上，有的混在种子中间，如病毒病、菌核病、早疫病、黑斑病、细菌性溃疡病、黑腐病等。

3.2　基质传播

基质混配过程中添加未充分腐熟的有机肥、固体废弃物等，或使用贮放期过长、受病原污染的无机基质，使病原侵入基质，常常引发蔬菜秧苗的根腐病、枯萎病、茎腐病、黄萎病、根肿病等。

3.3　昆虫传播

蚜虫、粉虱等是病毒病最重要的传播介体。蚜虫吸食发生病毒病的植株后，成为带毒源，再吸食幼苗，顺势传播病害。线虫和螨类除了能携带真菌孢子和细菌造成病害传播外，还能传播病毒。这些病毒所造成的危害常常超过线虫、螨类本身对秧苗所造成的伤害。

3.4 风力传播

多数真菌能产生大量孢子，孢子小而轻，易于风力传播，如疫病、叶霉病、白粉病等。

3.5 雨水传播

许多细菌性病害和部分真菌性病害常聚集在胶质物内，需要借雨滴的溅散和淋洗进行传播，特别是雨后流水和灌溉水可把病原物传播到更广的范围。如绵腐病、炭疽病、细菌性角斑病、细菌性软腐病等。

3.6 人为传播

在育苗操作过程中，使用未经严格消毒的器具、触摸、人员在不同育苗设施间的移动、嫁接等都会传播病原物。

4 蔬菜苗期主要传染性病害的诊断与发病规律

蔬菜工厂化育苗通常在相对封闭的温室内进行，一般温室内空气运动相对较弱，特别是冬春季育苗，为了维持适于幼苗生长的温度，放风时间很短，幼苗蒸腾、基质表面和地面蒸发形成的水蒸气积累在温室内，导致湿度很大，空气相对湿度常达到90%以上，甚至达到100%，能够引起幼苗叶面结露，致使白粉病、灰霉病、疫病、菌核病、霜霉病、软腐病等病害发生严重。温室表面覆盖玻璃或塑料薄膜，以及支撑的立柱、窗框等都有遮阴效应，使育苗设施内光照较弱，仅为外界自然条件的70%左右，甚至更低。当透明覆盖材料受粉尘等污染，自然光衰减更加严重。弱光环境不利于幼苗健壮生长，而有利于霉菌等病原物的繁殖。育苗设施内温度通常处于15～30℃范围内，这个温度范围有利于幼苗的生长发育，也比较适宜大多数病原菌的繁殖。设施内相对静止的空气，使幼苗缺少风力的机械刺激，不利于抗病、抗虫、保护组织的形成。相反，给隐蔽性害虫及刺吸式口器害虫的取食活动创造了有利条件，而刺吸式口器害虫正是病毒病传播的重要媒介。

4.1　立枯病

立枯病又叫死苗，是蔬菜苗期发生的主要病害之一。寄主范围广，可危害茄果类、瓜类、甘蓝及豆类蔬菜。病原主要为真菌中的镰刀菌、丝核菌和担子菌等，菌丝体和菌核可在土壤中存活2～3年，通过雨水、流水、带菌的堆肥及农具等传播，从秧苗伤口或表皮侵入。病菌发育适宜温度20～24℃。播种过密、温度过高易发生，阴雨高湿、基质过黏时发病重，且多发生在育苗中、后期。

主要危害幼苗茎基部或地下根部，初为椭圆形或不规则暗褐色病斑，病苗早期白天萎蔫，夜间恢复，病部逐渐凹陷、缢缩，有的渐变为黑褐色，当病斑扩大绕茎一周后干枯死亡，但不倒伏。轻病株仅见褐色凹陷病斑而不枯死。苗床湿度过大时，病部可见不甚明显的淡褐色蛛丝状霉。立枯病不产生絮状白霉，不倒伏，且病程进展慢，可区别于猝倒病。

4.2　猝倒病

猝倒病又叫绵腐病，俗称“倒苗”。是早春蔬菜苗床易发生的病害之一，主要在黄瓜、番茄、茄子、辣椒、芹菜、甘蓝等蔬菜上危害。猝倒病病原为腐霉属、疫霉属等多种真菌，主要靠雨水、喷淋、带菌的有机肥和农具等传播。病菌在基质温度15～16℃时繁殖最快，适宜发病地温为10℃，故早春苗床温度低、湿度大利于发病。光照不足、播种过密、幼苗徒长往往发病较重。薄膜滴水处易成为发病中心。

幼苗大多从茎基部感病（亦有从茎中部感病者），初为水渍状，并很快扩展、缢缩变细如“线”样，病部不变色或呈黄褐色，病势发展迅速，在子叶仍为绿色、萎蔫前即从茎基部（或茎中部）倒伏而贴于床面。苗床湿度较大时，病残体及周围基质上可生一层絮状白霉。出苗前染病，引起子叶、幼根及幼茎变褐腐烂。病害开始发生时往往仅个别幼苗发病，条件适合时以这些病株为中心，迅速向四周扩展蔓延，形成成片的病区。

4.3 枯萎病

枯萎病又叫蔓割病、萎蔫病。是瓜类蔬菜的主要病害之一，全国均有发生。以西瓜受害最重，冬瓜、甜瓜次之。枯萎病病原是尖孢镰刀菌等真菌，在土壤或带菌肥料中越冬，也可附着在种子表面越冬，在土壤中可存活 5～6 年，通过牲畜的消化道后依然可以存活。病菌从秧苗根部伤口侵入，也可直接从根毛顶端侵入，病菌在导管内发育，分泌毒素，填塞导管，影响水分运输，引起植物萎蔫死亡。病菌在 8～34℃均能生长，在基质温度 24～28℃、pH4.6～6.0 条件下繁殖最快。排水不良、底肥不足、氮肥施用过量等会加重枯萎病的发生。

枯萎病发病时幼茎基部变褐、缢缩，子叶、幼叶萎蔫下垂，突然倒伏，潮湿时茎部呈水渍状腐烂，表现白色至粉红色霉状物，常流出胶质物，茎部维管束变成褐色，根部分或全部变成暗褐色、腐烂，容易拔起。

4.4 霜霉病

霜霉病俗称“跑马烂”、烘叶、火烘。病原为古巴拟霜霉、寄生霜霉等，主要通过气流、浇水、农事及昆虫传播。病菌孢子适宜侵染温度为 15～17℃。基质湿度大、排水不良、种植过密等环境下容易发病。病菌主要危害叶片，一般先从基部叶片开始发病，逐渐向上部叶片发展，叶片上呈现水渍状淡黄绿色小斑点，背面出现白色霜状霉层；因叶脉的限制，病斑扩大后呈黄绿色至淡褐色多角形，空气潮湿时，叶片背面长出灰紫色至紫黑色霉层，即病菌的孢囊梗及孢子囊；严重时，病斑连成片，全叶像被火烤过一样，枯黄、脆裂、死亡，连续阴雨天气，病叶会腐烂。

4.5　白粉病

白粉病俗称“白毛”，是瓜类蔬菜的严重病害之一。白粉病系由子囊菌侵染而引起，病菌附于植株残体上在地表越冬，也可在温室瓜类上越冬，主要由空气和流水传播。白粉病菌发育要求较高的温度和湿度条件，但病菌分生孢子在相对湿度低至25%时也能萌发，叶片上有水滴时，反而对萌发不利。分生孢子在10～30℃都能正常萌发，而以20～25℃为最适宜。苗床湿度大、温度16～25℃时，发病较重。另外，植株徒长、蔓叶过密、通风不良、光照不足，均容易导致发病。

白粉病对叶片危害最重，也可发生在蔓、蕾等部位。发病初期，叶片正面或背面出现白色近圆形小粉斑，以叶正面居多，以后病斑逐渐扩大，成为边缘不明显的大片白粉区，严重时叶片枯黄停止生长，以后白粉状物逐渐变成灰白色或黄褐色，叶片枯黄变脆，一般不脱落。秋季在白粉层上聚生或散生黑色小粒点。

4.6　灰霉病

病原为真菌灰葡萄孢病菌的侵染引起，虽然灰霉病主要在蔬菜开花结果期发生严重，但在蔬菜出苗后如遇低温高湿的条件也极易发病，是蔬菜育苗中经常遇到的苗期病害。

浇水过多或顶棚滴水处最早感染，先在近地面的叶片开始发病，起初在叶片或幼茎上出现水渍状褪绿斑，在湿度大时，病斑上可出现灰色霉状物，进一步发展可造成叶片或幼茎腐烂，致使幼苗死亡。

5 传染性病害防治基本对策

针对蔬菜工厂化育苗过程中传染性病害发生的特点，应从病原及其传播途径的阻断、育苗环境条件优化、幼苗驯化（提高抗病性）等3个方面予以防止。

5.1 病原阻断

病原阻断的目的是降低病原在育苗环境中的存活基数，阻断病原传播扩散途径。主要措施包括种子消毒、基质消毒、设施空间消毒等。

种子消毒。采用热水—福美双、次氯酸钠—福美双等种子复合消毒技术，或进行干热处理、药剂浸种等，杀灭种子内部、表现携带的病原物。具体方法详见前述相关内容。

基质消毒。采用蒸汽消毒、药剂熏蒸、混拌等方法进行基质消毒。育苗设施以蒸汽进行加热的，均可进行蒸汽消毒。将基质装入柜或箱内，用通气管通入蒸汽进行密闭消毒。一般在70～90℃的高温下持续15～30分钟即可。也可利用专业的基质熏蒸系统，如北京京鹏温室工程公司经销的S250、S500、S2000等土壤或基质熏蒸系统。药剂熏蒸或混拌常用的化学药品有甲醛、氯化苦、漂白剂、多菌灵等。具体操作方法详见前述相关内容。

设施空间消毒。可采用石灰水消毒、高锰酸钾—福尔马林熏蒸、高温闷棚等方法对设施空间进行消毒。石灰水消毒，将石灰配成10%～20%的浓度，喷洒设施周边、立柱、苗床等。石灰水必须现配现用，放置时间过长会失效。高锰酸钾—甲醛熏蒸时，按2 000米^{3}棚室标准，将1.65千克甲醛加入8.4千克开水中，再加入1.65千克高锰酸钾，产生烟雾，封闭48小时，然后通风，待气味散尽后即可使用。高温闷棚是在盛夏高温季节充分利用辐射产生的热量，并进行双覆盖（土壤表面覆盖+棚室表面覆盖）保温，设施内气温可达45℃以上，地表下10厘米处最高地温可达70℃，20厘米深处的地温可达42℃。立枯病病菌、黄瓜菌核病病菌等绝大多数病菌不耐高温，经过10天左右的热处理即可被杀死。有些病菌相对耐高温，如根腐病、根肿病和枯萎病等土传病菌，由于其分布的土层深，必须处理30～50天才能达到较好的效果。

穴盘及其他材料的消毒。可用高锰酸钾或季铵盐溶液浸泡等方法。首先用高压水枪、肥皂水洗净穴盘或育苗器具上的污垢，然后用高锰酸钾2 000倍液浸泡10分钟，也可用2%～5%季铵盐或1%～2%次氯酸钠水溶液浸泡30分钟、70～80℃高温水蒸汽消毒40～60分钟；将清洗干净的穴盘等放置在密闭的空间，按每平方米34克硫黄粉+8克锯末，点燃熏蒸，密闭24小时。经过消毒处理的穴盘和器具，必须再用洁净的自来水冲淋、晾晒，使附着的水分全部蒸发。

防虫网使用。利用防虫网阻断害虫进入育苗设施，从而也防止了虫媒病害的发生。防虫网是一种采用添加防老化、抗紫外线等化学助剂的优质聚乙烯原料，经过拉丝织造而成，形似窗纱，具有抗拉力强度大、抗热、耐水、耐腐蚀、耐老化及无毒无味的特点。防虫网有黑色、白色、银灰色等多种颜色，一般40～60目的白色防虫网使用较多。根据试验统计，防虫网对菜青虫的防效为96%，小菜蛾的防效为94%，豇豆豆荚螟的防效为97%，美洲斑潜蝇的防效为95%，蚜虫的防效为90%以上。但是，使用防虫网覆盖时，必须将所有通风口和出入口全部覆盖。另外，要随时检查是否有脱落的地方，否则难以取得理想的覆盖效果。应该强调对烟粉虱的防效，培养无毒苗是防治番茄黄化曲叶病毒病的关键。

采用标准苗床。标准规格的苗床高度约为80厘米，与近地面苗床、地面碎石苗床相比，自然使幼苗远离了地面，阻断了与地面病原物的直接接触，也防止了灌水上溅引起地面病原物的间接接触。

化学农药喷施。采用化学杀菌剂、杀虫剂对病原菌、害虫进行杀灭。常用化学农药及使用方法见表5-1。

表 5-1 蔬菜育苗常用化学农药及使用剂量

农药类别	农药品种	毒性	防治对象	常用剂量及施用方法
杀菌剂	50%多菌灵可湿性粉剂	低毒	白粉病、炭疽病、疫病、灰霉病	300～500 倍液喷雾
	72.2%霜霉威（普力克）水剂	低毒	霜霉病、疫病、猝倒病	600～1 000 倍液灌根或喷雾
	75%百菌清可湿性粉剂	低毒	炭疽病、疫病、霜霉病、白粉病	800 倍液喷雾
	50%福美双可湿性粉剂	低毒	处理种子与基质	用种质量的 0.10%～0.25%拌种
	70%甲基硫菌灵（甲基托布津）可湿性粉剂	低毒	炭疽病、菌核病、白粉病、灰霉病	800～1 200 倍液喷雾
	3%中生菌素（克菌康）可湿性粉剂	低毒	细菌性病害	1 000 倍液喷雾
	72%霜脲·锰锌（克露）可湿性粉剂	低毒	霜霉病、疫病	800 倍液喷雾
	64%恶霜·锰锌（杀毒矾）可湿性粉剂）	低毒	疫病、炭疽病、黑斑病	400～600 倍液喷雾
	58%甲霜灵可湿性粉剂	低毒	霜霉病	1 000 倍液喷雾
	70%代森锰锌可湿性粉剂	低毒	早疫病、晚疫病、褐腐病	500 倍液喷雾
	25%嘧菌酯（阿米西达）悬浮剂	低毒	白粉病、锈病、霜霉病	1 000 倍液喷雾
杀虫剂	5%氟啶脲（抑太保）乳油	低毒	菜青虫、小菜蛾、斜蚊夜蛾等	1 500～2 000 倍液喷雾
	1%阿维菌素乳油	低毒	蚜虫、小菜蛾、夜蛾等	1 000～2 000 倍液喷雾
	10%吡虫啉可湿性粉剂	低毒	各类蚜虫、飞虱、叶蝉等	1 500～2 500 倍液喷雾
	25%溴氰菊酯（敌杀死）乳剂	低毒	甘蓝、大白菜小菜蛾、菜青虫等	1 000 倍液喷雾

5.2 育苗环境条件优化

降湿。在育苗设施内温度允许的情况下，尽量加大放风强度和时间，排出设施内积累的水蒸气。采用热风炉或管道加热，提高室内温度，吸收多余的水蒸气。避免少量多次灌水，每次灌水尽可能灌透整个穴盘孔穴，灌水后使基质表面有一定的持续干燥时间。设施地面采用塑料膜或地膜覆盖，减少设施地面水分积存时间和面积，降低地面水分蒸发量。采用无滴膜可以克服膜内侧附着大量水滴的弊端，明显降低湿度，且透光率比一般农膜高10%～15%。

提高温度。在保证蔬菜秧苗正常生长发育、能耗核算可行的条件下，同时考虑与蔬菜种类、育苗地点、育苗茬口密切相关的主要病害种类等，采用温度调节装置避开主要病害繁殖的最佳温度。此外，提高设施内气温，对降低设施空气相对湿度大有益处。在空气水蒸气含量不变的情况下，温度愈高，相对湿度就愈小；温度低，相对湿度就愈高。

改善光照。保持棚膜洁净。棚膜上的水滴、尘土等杂物，会使透光率下降30%左右。新薄膜在使用2、10、15天后，棚内光照会依次减弱14%、25%、28%。因此，要经常清扫，增加棚膜的透明度，下雪天还应及时扫除积雪；选用消雾无滴薄膜，无滴薄膜在生产的配方中加入了几种表面活性剂，使水滴沿薄膜面流入地面而无水滴产生，增加棚内的光照，提高棚温。室内加设生物效应灯、反光幕，早晨提前揭开、傍晚推迟覆盖草帘和保温被等覆盖物，增加设施内照光时间。有条件时，还可以在设施内悬挂紫外灯，既有杀菌功能，又可促进幼苗矮化。

促进设施内空气流动。与降低湿度类似，尽量加大放风强度和时间；在设施顶部安装环流风机，在高出幼苗10～20厘米处排列小型风扇，强制带动室内空气运动。选择具排气孔的穴盘，有利于穴盘苗茎基部气流的运动。

5.3 幼苗驯化

主要是利用蔬菜品种特性、构筑病原物侵染的物理屏障和生理生化屏障，提高蔬菜幼苗自身的抗病性。

抗病品种选择。蔬菜在系统发育过程中逐渐形成生理生化（如合成抗菌素、植物碱、酚、单宁等）、组织器官（如气孔、水孔的多少、大小等）以及形成结构（如角质层、蜡质层、硅质层的厚薄等）上的抗病性，为蔬菜抗病品种选育提供了遗传基础。蔬菜工厂化育苗时，尽量选用优良抗病品种，既可减少苗期发病概率，降低育苗风险，也有利于客户定植后优质丰产。

嫁接育苗。选择耐逆、抗病、与接穗亲和性强、对产品品质无不良影响的砧木品种进行嫁接育苗，提高幼苗的抗病性。如茄子选用托鲁巴姆砧木、黄瓜选用南瓜砧木、西瓜选用葫芦砧木等。

加强肥水管理。采取适时适度的控水和全面均衡的施肥策略，防止生理性病害的发生，确保幼苗抗性的良好发挥；增施缓效硅肥和水溶性高效硅素化肥，促进幼苗保护组织、机械组织的形成。

免疫诱导。喷施化学诱抗物质，如0.01%～0.50%甲壳素、0.5毫摩尔/升苯并噻二唑、1毫克/升油菜素内酯、0.1～0.5毫摩尔/升水杨酸等，可激发幼苗体内抗性代谢，促进病程相关蛋白和木质素合成，提高幼苗对病原菌的免疫力。

第三节　蔬菜苗期主要虫害的防治

害虫蛀食幼苗根系，刺吸幼苗汁液，咀嚼叶片，损害幼苗组织正常生理功能，降低幼苗商品性状，传播病害，严重影响蔬菜商品苗生产，同时，如果商品苗携带害虫（尤其是虫卵）出圃，也可能成为蔬菜种植田害虫发生的源头，因此虫害的防治也是蔬菜集约化育苗技术的重要内容。

蔬菜工厂化育苗采用了人工混配的轻型基质，一般可以避免地下虫害，如蝼蛄、地老虎、蛴螬等发生为害。但是，如果人工混配基质中添加了有机肥，特别是无法判断有机肥的腐熟度和生产条件，还应做好防治地下害虫的准备，如接种速腐剂进行再堆肥处理，或利用化学药剂进行熏蒸和混拌。

1　蔬菜苗期虫害的发生

1.1　虫害种类

蔬菜工厂化育苗采用草炭、蛭石、珍珠岩等天然产物或工业加工产物，只要生产、加工及贮藏过程符合卫生条件，除了草炭可能含有蕈蚊、沼泽蝇外，与营养土育苗相比受地下害虫侵害的概率很小。蔬菜育苗设施结构及其维护管理精细程度相对优于定植后栽培阶段，育苗设施内大型害虫（如小菜蛾）比较少见，主要以小型害虫如蚜虫、白粉虱、蓟马、斑潜蝇、红蜘蛛等为主。

1.2　发生规律

自然条件下，大部分害虫无法以幼虫、成虫越过严寒的冬季，主要以卵在杂草等越冬寄主上越冬，翌年春季随着气温升高，开始孵化形成有迁飞能力的成虫，为害菜田并不断繁衍，在夏秋季节达到虫口高峰期，进入秋末，气温降低，再产卵越冬。但是，随着设施蔬菜栽培面积的扩大，设施内良好的温、湿度条件为害虫加代繁殖提供了场所，害虫有逐年为害加重、种类多样化的趋势。蔬菜育苗常在冬季进行，也是害虫集中越冬、为害的地点。

1.3　为害症状

大多害虫的成虫和幼虫均可为害幼苗，它们或吸食幼苗汁液，或咀嚼幼苗叶片，或潜入组织内部，或蛀食幼苗根系，造成幼苗组织养分、水分匮乏和机械损伤，组织机能丧失，提前衰老、脱落。如瓜蚜成虫或幼虫在幼苗叶背和嫩茎上吸食汁液，造成叶片卷缩、幼苗萎蔫，甚至枯死；斑潜蝇则是成虫刺伤幼苗叶片，进行取食和产卵，幼虫潜入叶片和叶柄，形成不规则蛇形白色虫道，破坏叶片光合功能，最终使叶片或植株干枯死亡。

害虫普遍有趋嫩性，在蔬菜植株上，靠近顶端生长点的叶片是受害较重的部位，随着植株的生长发育，虫害症状有明显的上移现象。幼苗比较鲜嫩，也容易吸引更多害虫为害。

2 蔬菜幼苗虫害的诊断方法

蔬菜幼苗虫害的诊断可通过侵害幼苗害虫的形态特征来鉴别，或通过害虫为害症状残留物诊断。害虫的残留物如卵壳、蛹壳、脱皮、虫体残毛及死虫尸体，以及害虫的排泄物如粪便、蜜露物质、丝网、泡沫状物质等。

（1）叶片被食，形成缺刻。多为咀嚼式口器的鳞翅目幼虫和鞘翅目害虫所吃。

（2）叶片上有线状条纹或灰白灰黄色斑点。多是由刺吸式口器害虫，如叶蝇或椿象等害虫所害。

（3）幼苗被咬断或切断。多为蟋蟀或夜蛾等所为。

（4）分泌蜜露，发生煤污病。此类害虫通过产生蜜露状排泄物覆于蔬菜表面造成黑色斑点，常以吸汁排液性的害虫为主，如各种蚜虫。

（5）心叶缩小并变厚。辣椒上多出现此类症状，这与螨类害虫有关。

（6）幼苗体内被害。这种害虫一般进入幼苗体内，从外部很难看到，若发现幼苗叶片上有新鲜的害虫粪便，且有新的虫口，则可判断害虫在幼苗体内为害；有时虽然有粪便和虫口，但粪便和虫口已经不新了，则表明害虫已经转移到其他地方，此类害虫多为蛾类害虫和幼虫。

(7) 幼苗地上部枯萎死亡。这表明蔬菜根部受到损害，多为地下害虫所为，如蝼蛄、根螨、根结线虫等。

3　蔬菜苗期虫害的基本防治策略

3.1　农业防治

育苗场选址。应尽量远离蔬菜种植田块，避免菜田大量害虫迁飞至育苗场为害蔬菜幼苗。

清理干净育苗设施周围的杂草、树叶、蔬菜残株等，进行焚烧或堆肥处理，防止害虫在育苗设施周边越冬，或就近为害蔬菜幼苗。目前，一些育苗场为了美化环境，在育苗设施周边种植观赏花草树木，其实并不可取。

根据育苗场主要害虫种类，有针对性地选择种植避虫、驱虫植物或蔬菜。如白粉虱喜食茄果类、瓜类、豆类，不喜欢甘蓝类和葱蒜类蔬菜，可以在茄果类蔬菜育苗设施外种植少量结球甘蓝、花椰菜、大蒜、洋葱等蔬菜。

选用丰产、优质抗病虫的品种，增强幼苗的抗虫性，减少害虫的为害。

周年育苗的设施一定要预留1～2个月的休闲期，以便设施进行全面严格的日光高温消毒或药剂熏蒸，杀灭设施内残存的害虫及其虫卵。

通过科学的温光调控和水肥管理措施，培育健壮的幼苗，提高幼苗抵抗害虫侵害的能力 。通常弱苗、病苗更容易受害虫的侵害。

3.2　物理防治

根据害虫对颜色的偏好采用黄板、蓝板诱杀害虫。黄板可以用来诱杀蚜虫、白粉虱、斑潜蝇和黄曲条跳甲；蓝板可以用来诱杀蓟马。诱捕时悬挂的高度、密度非常重要，以诱虫板底端高出幼苗 10～20 厘米为宜，还应随幼苗生长不断调整诱虫板的高度。一般每 10～20 米^2 苗床悬挂一块诱虫板。

在小菜蛾、菜螟、斜纹夜蛾等成虫羽化期，每栋育苗设施安装 1～2 台诱虫灯，可有效诱杀成虫。诱虫灯有黑光灯、高压汞灯、金属卤化物诱虫灯、高压杀虫灯、频振式杀虫灯等，综合诱杀效果、电能消耗、天敌负面作用等，目前频振式杀虫灯推广较多。频振式杀虫灯的基本原理是利用害虫较强的趋光性特点，将光波设置在特定范围内，用波远距离和光近距离引诱害虫扑灯，灯外绕有频振高压电网，害虫一触电网即被灼伤翅梢，失去自控而坠入灯下的袋子中。其显著特点是杀虫谱广，杀虫量大，对蔬菜的 30 多种主要害虫均具诱杀效果，特别是对斜纹夜蛾、棉铃虫和地老虎的成虫的诱杀效果极显著，斜纹夜蛾的田间蛾量、落卵量和幼虫量的降低幅度分别达 75.8％、53.2％和 64.6％。此外，对天敌的诱杀力小，虽然对部分草蛉、瓢虫等也有一定的杀伤作用，但其影响程度较小，远远优于高压杀虫灯和化学农药制剂，其益害比一般都在 1∶70 以上。

采用防虫网覆盖，可以有效阻止小菜蛾、甘蓝夜蛾、斜纹夜蛾、棉铃虫、菜青虫、黄曲条跳甲、二十八星瓢虫、蚜虫、美洲斑潜蝇等多种害虫进入育苗设施。生产上防虫网有黑色、白色、银灰色等，可根据使用需要来选择网色。单独使用时，应选择银灰色（银灰色对蚜虫有较好的拒避作用）或黑色；与遮阳网配合使用时，以选择白色为宜，网目一般选择 22～25 目。防虫网要覆盖所有的通风口和人员的进出口，并经常检查防虫网有无撕裂口，一旦发现应及时修补。

塑料薄膜本身不断释放有毒气体，如氨气、亚硝酸、一氧化碳等，早晨棚内结露带有一定的毒性，所以早晨揭开草苫后，先不要放风，而是拍打植株，驱使白飞虱迁飞黏着在流淌的露水上而溺死。

利用风吹或吸气的方法扰动育苗设施内部气流，使蔬菜幼苗产生振动，驱赶植株上的害虫。这种方法对潜叶蝇烟、粉虱等均有一定的防治效果。

3.3　生物防治

利用抗生素防治害虫。农业生产上用于防治害虫的抗生素有浏阳霉素、阿维菌素、多杀菌素等，对螨类、鳞翅目幼虫的防治效果很明显。

利用天敌昆虫防治害虫。要注意保护害虫的自然天敌，尽量创造有利于天敌生存的条件；有时还要人工大量饲养繁殖和释放天敌，以增加天敌的数量，控制害虫的发生和为害。如用丽蚜小蜂防治粉虱，广赤眼蜂防治棉铃虫、烟青虫，烟蚜茧蜂防治桃蚜、棉蚜等。

利用害虫的致病微生物防治害虫。如用 Bt 制剂防治菜青虫、棉铃虫，用 Bt 与病毒复配的复合生物农药（如威敌等）防治菜青虫、菜蛾，用座壳孢菌剂防治白粉虱。

3.4　化学防治

化学信息素。化学信息素是一种昆虫释放的、能引起同种其他个体产生特定行为反应的信息化学物质。目前国际上比较成熟的性信息素使用方法有群集诱捕法和迷向法。群集诱捕法通过人工合成性信息素引诱雄蛾，并用物理方法捕杀雄蛾，从而降低雌雄交配，减少后代种群数量而达到防治的目的。国内近年来逐步开发了斜纹夜蛾、甜菜夜蛾、小菜蛾等蔬菜害虫的高质量防治诱芯。迷向法是通过大量释放信息化合物，使田间到处弥漫着高浓度的性信息素，迷惑雄虫寻找雌虫，从而干扰和阻碍了雌雄的正常交配行为，最终影响害虫的生殖，抑制其种群增长。受化学信息素组分配比、合成纯度以及使用过程中自然气候特点、地理因素、化学农药等的影响，化学信息素对蔬菜害虫的防治效果还不稳定，推广应用面积也有限，但化学信息素环境安全性好，有利于解决当前日益严重的害虫抗药性问题，未来应用前景较好。

化学杀虫剂。化学杀虫剂按进入虫体的途径和作用可分为触杀剂（与表皮或附器接触后渗入虫体，或腐蚀虫体蜡质层，或堵塞气门而杀死害虫）、熏杀剂（利用有毒的气体、液体或固体的挥发而发生蒸汽毒杀害虫）、胃毒剂（经虫口进入其消化系统起毒杀作用）及内吸剂（被植物种子、根、茎、叶吸收并输导至全株，在一定时期内，以原体或其活化代谢物随害虫取食植物组织或吸吮植物汁液而进入虫体，起毒杀作用），生产上应用的化学杀虫剂可具有一种或一种以上的杀虫作用。目前，常用的化学杀虫剂主要有以下几类：①有机磷杀虫剂。如敌敌畏、马拉硫磷、杀螟松、双硫磷等，多数具有广谱杀虫作用，并常兼有触杀、胃毒与熏杀作用，对昆虫的杀灭作用强大而快速，也较少引起昆虫产生抗药性，有机磷杀虫剂在自然界中易分解或生物降解，故不存在残留或污染，在动物体内无蓄积中毒危险。②拟除虫菊酯类杀虫剂。如溴氰菊酯、氯氰菊酯、氰戊菊酯等，此类杀虫剂的合成发展很快，具有广谱、高效、击倒快、毒性低、用量小等特点，对抗药性昆虫有效。③驱避剂。如联苯酰、法尼烯等，本身无杀虫作用，但挥发产生的蒸气具有特殊的使昆虫厌恶的气味，能刺激昆虫的嗅觉神经，使昆虫避开，从而防止昆虫的叮咬或侵袭。

化学杀虫剂的施用方法有灌根法、喷施法、熏蒸法、毒饵法等，不管何种方法，为了更好地发挥杀虫剂的杀虫作用，提高化学防治效果，降低蔬菜中农药的残留量，在生产中都应注意：①更新农药品种。生产上长期单一使用一种或几种农药，尤其使用防治对象和杀虫机理单一的杀虫剂，害虫很容易产生抗药性，防治效果降低。②有针对性地选择杀虫剂。广谱性农药并不是可以防治所有对象，多数农药具有选择性，如胃毒剂只对咀嚼式口器的害虫有效，而对刺吸式口器的害虫收效甚微，甚至无效。③严格使用浓度。仔细阅读说明书上的稀释倍数和使用剂量，掌握适宜的使用浓度，正确配制药液，对防治害虫非常关键，一般情况下药液浓度越高，杀灭害虫的效果越好，但如果任意加大农药的使用浓度，虽然能一次杀死较多的害虫，同时也杀死许多天敌，破坏了田间的生态平衡，剩下的害虫抗药性明显增加，再次使用同一种杀虫剂很难有效防治，而且过高的药液浓度容易造成药害。④选好喷药时间。要熟悉害虫的活动规律，选择适宜的时间喷药，提高防治效果，夜蛾科如甜菜夜蛾、斜纹夜蛾、甘蓝夜蛾等幼虫喜欢在傍晚或晚上出来觅食，喷药时间最好选在傍晚进行，可明显提高杀虫效果；菜青虫每天有 2 次取食高峰，上午约 9 时前后，下午约 16 时前后，幼虫活跃在叶片表面，此时喷洒农药极易杀死幼虫。⑤选准防治适期。加强虫情测报，力求在害虫点片发生阶段和害虫抗药性最差的生育时期喷药，甜菜夜蛾、斜纹夜蛾等的产卵高峰期至 3 龄之前为防治适期，初孵期幼虫不仅食量小、抗药性弱，并且暴露取食，易于防治，4 龄后幼虫分散为害，即使用药次数增多，防治效果也不理想；防治瓜蚜也要及早用药，将其消灭在点株发生阶段。⑥明确喷药部位。喷药时应将药液喷洒在害虫集中为害的部位，防治蚜虫时，应注意喷施叶片背面、嫩茎和嫩尖处，仔细、均匀喷洒，尽可能将药液喷到蚜体上；防治小菜蛾时，以叶片背面和心叶为主；棉铃虫初龄幼虫取食嫩叶，成虫隐蔽于叶片背面，应重点喷洒植株中上部及叶片背部。⑦合理混用农药。科学合理地混合使用主要成分不同、杀虫机理不同的杀虫剂，既可提高防治效果，降低农药成本，又可兼治多种害虫，减缓害虫抗药性的产生。⑧控制用药次数。用药次数过多、过滥，间隔时间过短，使用同一种杀虫剂过于频繁，既浪费了农药，又降低了防治效果，防治瓜蚜一般每隔 5～6 天喷 1 次药，连续喷 3 次即可；在 16～35℃范围内，美洲斑潜蝇随着温度的升高生育速度加快，生育周期缩短，因此越是在高温季节，喷药间隔时间越短，冬春季节每 7～8 天喷 1 次药，夏

表 5-2 常见蔬菜害虫化学防治方法

害虫种类	为害症状	化学杀虫剂施用方法	注意事项
蚜虫	刺吸式口器的害虫，常群集于叶片、嫩茎花、蕾、顶芽等部位刺吸汁液，使叶片皱缩、卷曲、畸形，严重时引起枝叶枯萎甚至整株死亡，蚜虫分泌的蜜露还会诱发煤污病、病毒病	①按 1∶15 的比例配制烟叶水，泡制 4 小时后喷洒；②按 1∶4∶400 的比例配制洗衣粉、尿素、水的溶液喷洒；③每亩用 10%吡虫啉（蚜虱净）可湿性粉剂 60～70 克或 50%抗蚜威（辟蚜雾）超微可湿性粉剂 2 000 倍液、20%吡虫啉可溶性粉剂 2 500 倍液、50%辛硫磷乳油 2 000 倍液、80%敌敌畏乳油 1 000 倍液喷雾	对桃粉蚜一类本身披有蜡粉的蚜虫，施用任何药剂时，均应加 0.1%中性肥皂水或洗衣粉
斑潜蝇	成虫用产卵器刺伤叶片，产卵于叶表皮下，幼虫在叶片上表皮下蛀食叶肉组织，形成极明显的蛇形潜道，严重时虫道布满叶面，使叶片的功能丧失，最后干枯	用 40%灭蝇胺可湿性粉剂 4 000 倍液或 10%虫螨腈（溴虫腈）悬浮剂 1 000 倍液、1.8%阿维菌素乳油 4 000 倍液、1%苦参碱 2 号可溶性液剂 1 200 倍液、4.5%高效氯氰菊酯乳油 1 500 倍液、70%吡虫啉水分散粒剂 10 000 倍液、25%噻虫嗪水分散粒剂 3 000倍液喷雾	容易产生抗药性，每个育苗季节每种农药只准使用 1 次
粉虱	成虫、若虫刺吸植物汁液，受害叶褪绿、萎蔫或枯死	①初期零星发生时，可喷洒 20%噻嗪酮（扑虱灵）可湿性粉剂 1500 倍液或 25%灭螨猛乳油 1 000 倍液、2.5%联苯菊酯（天王星）乳油 3 000～4 000 倍液、2.5%氯氟氰菊酯（功夫）乳油 2 000～3 000 倍液、20%甲氰菊酯（灭扫利）乳油 2 000 倍液、10%吡虫啉可湿性粉剂 1 500 倍液；②幼虫 1～2 龄时施药效果好，可喷洒 80%敌敌畏乳油或 40%乐果乳油或 50%马拉硫磷乳油；也可用 50%杀螟硫磷（杀螟松）乳油 1 000 倍液或 10%联苯菊酯（天王星）乳油 5 000～6 000 倍液、25%灭螨猛乳油 1 000 倍液、20%甲氰菊酯（灭扫利）乳油 2 000 倍液、1.8%阿维菌素乳油 4 000～5 000倍液、10%噻嗪酮（扑虱灵）乳油 1 000 倍液喷雾	3 龄及其以后各虫态的防治，最好用含油量 0.4%～0.5%的矿物油乳剂混用上述药剂，可提高杀虫效果
蓟马	以成虫、若虫锉吸植株幼嫩组织汁液，被害的嫩叶、嫩梢变硬卷曲枯萎，植株生长缓慢，节间缩短	可喷施 25%吡虫啉可湿性粉剂 2 000 倍液或 5%啶虫脒可湿性粉剂 2 500 倍液、10%吡虫啉可湿性粉剂 1 000 倍液、20%毒·啶乳油 1 500 倍液、4.5%高氯乳油 1 000 倍液，与 10%吡虫啉可湿性粉剂 1 000 倍液、5%溴氰菊酯乳油 1 000 倍液混合喷雾	成虫迁移扩散性强，成虫怕强光，多在背光场所集中为害；阴天早晨傍晚和夜间才在寄主表面活动

季应每 4～5 天喷 1 次药，连续喷 4～5 次，连续喷药时，每次应选用不同的化学农药，轮换使用。⑨提高用药质量。喷药要细致、均匀、周到，做到不漏喷、不重喷、不漏行、不漏株，并根据田间虫害的不同发生情况，适当增加药液的使用量，对虫害严重的植株重点用药，以提高防治效果，使用触杀性杀虫剂防治时，药液喷洒到虫体上是提高施药质量的关键；用毒饵法防治地下害虫时，应将害虫喜食的饵料和具有胃毒作用的农药充分混合均匀，在傍晚撒施效果最好；防治蚜虫时，应尽量选用具有触杀、内吸、胃毒三重作用的杀虫剂，对于受害严重、叶片向下弯曲的植株，适当加大喷药量。

常见蔬菜害虫的化学药剂防治方法见表 5－2。

第六章

蔬菜工厂化育苗新技术

第一节　地源热泵系统

1　地源热泵系统工作原理

地源热泵系统是一项新兴的能源利用技术。冬季，热泵机组从地源（浅层水体或岩土体）中吸收热量向棚室内供暖；夏季，热泵机组从棚室内吸收热量并转移释放到地源中，实现制冷；冬夏交替，保持地源热平衡。根据地热交换系统形式的不同，地源热泵系统分为地下水地源热泵系统、地埋管地源热泵系统和地表水地源热泵系统。其中地下水地源热泵系统受国家政策、地下水资源、水质、地下水回灌成本等的影响比较大；地埋管地源热泵系统利用地埋管内的循环水为热交换介质与岩土体交换热量，地表浅层的岩土体温度相对恒定，使用效果比较稳定；地表水地源热泵系统受地表水温度变化、地表水水量等的影响比较大，但投资成本低于其他两种方式。

地源热泵系统主要分三部分：室外地能换热系统、地源热泵机组和棚室内空调末端系统，其中地源热泵机主要有两种形式：水-水式和水-空气式。三个系统之间靠水或空气换热介质进行热量的传递：地源热泵与地能之间换热介质为水，与玻璃温室空调末端换热介质可以是水或空气。

2　地源热泵系统的优点

地源热泵技术属可再生能源利用技术。地源热泵是利用了地球表面浅层地热资源（通常小于400米深）作为热源，进行能量转换的供暖空调系统。地表浅层地热资源可以称之为地能，是指地表土壤、地下水或河流、湖泊中吸收太阳能、地热能而蕴藏的低温位热能。地表浅层是一个巨大的太阳能集热器，收集了47%的太阳能量，比人类每年利用能量的500倍还多。它不受地域、资源等限制，真正是量大面广、无处不在。这种储存于地表浅层近乎无限的可再生能源，使得地能也成为清洁的可再生能源的一种形式。

地源热泵技术属经济有效的节能技术。地能或地表浅层地热资源的温度一年四季相对稳定，冬季比环境空气温度高，夏季比环境空气温度低，是很好的热泵热源和空调冷源，这种温度特性使得地源热泵比传统空调系统运行效率要高40%左右，因此可以比传统温室节能和节省运行费用40%。另外，由于地能温度较恒定的特性，使得热泵机组运行更可靠、稳定，也保证了系统的高效性和经济性。据美国环保署EPA估计，设计安装良好的地源热泵，平均来说可以节约30%～40%的供热制冷空调的运行费用。

地源热泵环境效益显著。与空气源热泵相比，地源热泵的污染物排放减少40%以上；与电供暖相比，减少70%以上，如果结合其他节能措施，节能减排效果会更明显。地源热泵系统虽然也采用制冷剂，但比常规空调装置减少25%的充灌量；且地源热泵属自含式系统，即该装置能在工厂车间内事先整装密封好，制冷剂泄漏概率大为减少。因此，地源热泵装置的运行没有任何污染，可以建造在居民区内，没有燃烧，没有排烟，也没有废弃物，不需要堆放燃料废物的场地，且不用远距离输送热量。

地源热泵空调系统维护费用低。在同等条件下，采用地源热泵系统的棚室能够减少维护费用。地源热泵非常耐用，它的机械运动部件非常少，所有的部件不是埋在地下便是安装在室内，从而避免了室外的恶劣气候，其地下部分可保证50年，地上部分可保证30年，因此地源热泵是免维护空调，节省了维护费用，使用户的投资在3年左右即可收回。此外，机组使用寿命长，均在15年以上；机组紧凑、节省空间；自动控制程度高，可无人值守。

3 地源热泵系统在育苗温室中的应用

地源热泵系统真正实现一体化的温度调控，比现行的其他技术节能30%～40%，目前已在建筑物内大量使用，并开始应用于农业生产。江苏省农业科学院溧水植物科学基地育苗玻璃温室即采用地源热泵温度调控系统对育苗玻璃温室环境温度进行调控，效果明显优于传统加温与降温系统。现将该温室具体应用情况做简单介绍。

3.1 玻璃温室的基础参数与配套设施

玻璃温室屋脊为南北向走向，文洛式小尖顶一跨三、多雨槽、格构架结构，跨度72米（12米×6），开间40米（8米×5），肩高4.5米，顶高5.5米，面积2 880米^2。具有外型美观、吊挂能力强、展示效果佳、使用寿命长等优点。不进水汽，抗老化性好，防结露性好；采用热镀钢制作骨架、覆盖材料为国产4毫米厚浮法玻璃，其透光率>90%，非常适合于高光作物的种植。温室可开侧窗，顶部为双向交错开窗，通风率约27%，齿轮齿条副传动。温室顶部及四周为专用铝型材。温室可实现全自动控制，配套设备有外遮阳系统、双层内保温系统、侧保温系统、屋顶通风系统、移动式喷灌机、移动苗床系统、地源热泵空调系统、内循环系统、补光灯系统、电气控制系统等。

通风系统。在屋脊处开窗并加40目防虫网，采用比较经济的自然通风方式，利用风力和温度差来实现温室内外空气交换，达到降低温室内温度和湿度的目的。同时，在夏季可利用自然通风来达到补充温室内 CO_2 的作用。

遮阳系统。采用“斯文森”幕布做外遮阳系统，外遮阳节能幕帘遮阳率不小于70%，节能率25%。外遮阳系统夏季能将多余阳光挡在室外，形成荫凉，保护作物免遭强光灼伤，为作物创造适宜的生长条件。遮阳幕布可满足室内控制湿度及保持适当的热水平，使阳光漫射进入温室种植区域，保持最佳的作物生长环境。一般情况下，外遮阳系统可以在夏季降低室温3～5℃。

侧保温系统。在育苗温室内部四周侧立面，各加装一道薄膜，上部用卡槽固定在温室四周横杆上，下部安装自动卷膜器并可放至近地面，与温室侧面形成相对密闭的空间以增强温室保温效果。

双层内保温系统。采用双层保温帘幕装置，减少温室屋面热量的流失，可以有效降低温室冬季运营的加温成本。第一层帘幕平装于温室桁架上弦的平面上，采用缀铝保温幕做帘幕，该保温幕具有明显的节能功能，保温率不小于65%，遮阳率50%，选用上海斯文森产XLS15铝箔保温网。第二层帘幕平装于桁架下弦的平面上，采用专用保温膜作为保温帘幕，该保温幕遮阳率为15%，选用上海斯文森产XLS10保温网。

内循环系统。温室分区均配备循环风扇，跨内同向布置，跨间交错对吹，加速空气流动，使温室内空气质量均匀。每跨安装2台，风量为5 200米^3/小时·台，380伏，0.25千瓦。

移动式喷灌车。装有行走式自动喷水设备，三位快速转速喷头，0.28帕压力下，三种喷头流量分别为136升/小时、90升/小时、45升/小时，还可按需设定浇水次数。配置营养液自动供液装置，利用喷灌系统自动追肥。

移动苗床。在育苗温室中南北向设置移动式育苗床架，架高80～100厘米，架宽115～120厘米，架长据棚室实际状况合理配置，床架之间留一条45～50厘米宽人行道，通过苗床的滚轴来移动苗床，较固定式苗床可扩大苗床面积，提高温室空间利用率。

3.2 地源热泵温控系统的开关

确定制冷或制热设定后，机组启动前检查确认电源电压值在360～410伏之间，系统水泵进水口压力为0.2帕，检查确认所有参与系统运行的阀门处于开通状态。分别启动空调侧和地源侧水循环泵，且每台泵启动间隔时间不少于30秒，启动后检查水泵出水口压力是否在0.3帕左右。所有参与运行的水泵启动5分钟后启动主机。2小时巡查一次机组运行情况，并做好巡查记录。出现问题及时汇报。机组关闭时，先关闭主机，主机关停5分钟后，分别关停运行的水泵。

3.3 玻璃温室—地源热泵温控系统的使用

（1）冬春季加温（11月底至3月初）。

晴天：全天关闭东西两侧侧窗；9:00～16:00卷起东西、南北两侧侧卷膜，增加温室内光照度；11:00～15:00开启顶窗通风系统降低温室内湿度，同时利用自然通风补充温室内CO_2；16:30～7:00开启地源热泵温控系统；17:00～7:30展开内保温，增加温室的密闭性和保温性，减少由顶棚产生的温室热量散失。

阴雨天：关闭东西两侧侧窗；光照度若低于温室内植物光补偿点，开启生物补光灯；16:30～8:00开启地源热泵温控系统；17:00～7:30关闭内保温，增加温室的密闭性和保温性，减少由顶棚产生的温室热量散失。

（2）夏秋季降温（6月底至9月初）。

晴天：9:30～18:00开启2台地源热泵温控系统，同时关闭东西两侧窗、放下东西侧卷膜、南北两侧卷膜；11:00～15:00展开内外遮阳网，阻挡多余阳光，形成荫凉，保护作物免遭强光灼伤，为作物创造适宜的生长条件，降低温度；12:00～14:00、19:00～7:30 展开内保温，增加温室的密闭性和保温性，减少由顶棚产生的温室热量散失。

阴雨天：根据温室内温度要求使用地源热泵温控系统，10:00～17:30 开启 2 台地源热泵温控系统同时关闭东西两侧窗、放下东西两侧卷膜；19:00～7:30 夜间展开内保温，增加温室的密闭性和保温性，减少由顶棚产生的温室热量散失。

3.4　利用地源热泵技术对育苗温室环境控制效果图

图 6-1、图 6-2、图 6-3、图 6-4 是利用地源热泵技术对育苗温室环境控制效果。

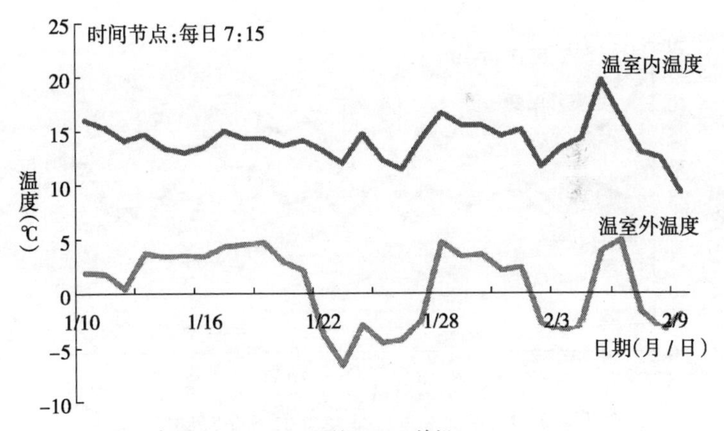

注:1.每日 17:00-19:00 开机,8:00 关机;
2.月耗能 6.8 万度,平均耗能 1 086 元 / 天 /5 120 米 ^{2},
使用传统加热方法耗能约 1 吨标准煤 / 日 /1 000 米 ^{2}。

图 6-1　2012 年 1～2 月地源热泵制暖效果月变化图

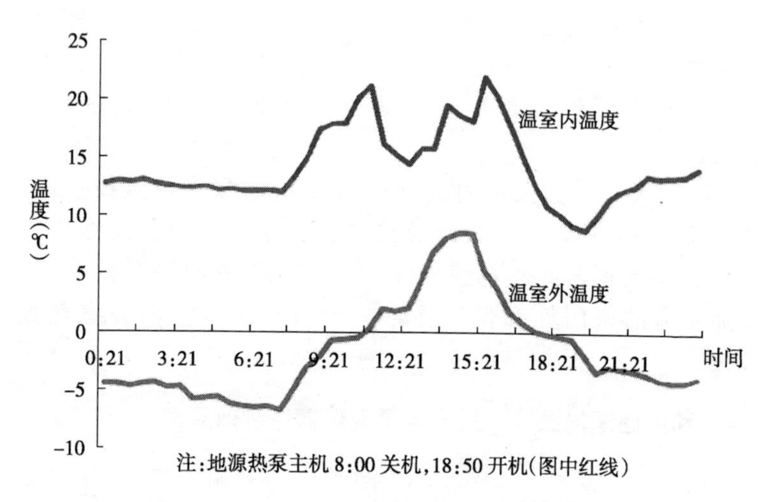

图 6-2 2012 年 1 月 23 日温室内外温度变化图

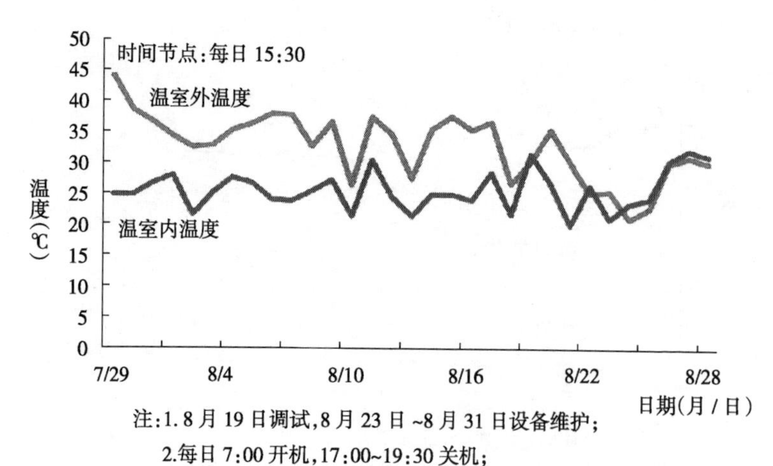

注:1. 8 月 19 日调试,8 月 23 日 ~8 月 31 日设备维护;

2.每日 7:00 开机,17:00~19:30 关机;

3.月耗能 7.7 万度,平均能耗 1 235 元/天/2 880 米^2。

图 6-3 2011 年 8 月地源热泵制冷效果月变化图

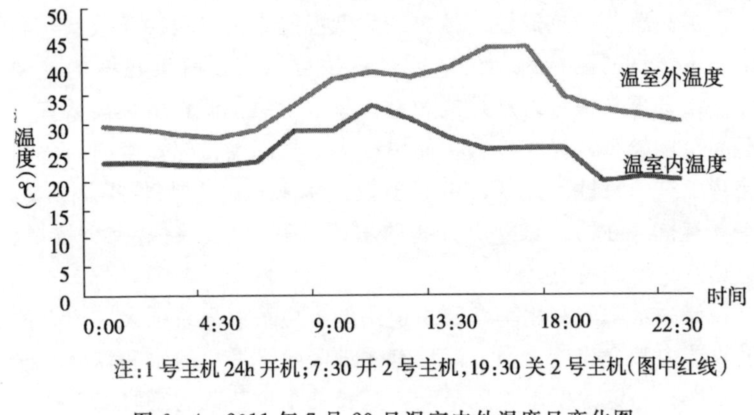

注:1号主机24h开机;7:30开2号主机,19:30关2号主机(图中红线)

图6-4　2011年7月29日温室内外温度日变化图

第二节　嫁接育苗技术在工厂化育苗中的应用

1　嫁接育苗的概念与发展现状

1.1　嫁接育苗的概念

嫁接育苗是将一个植物体的芽或枝（称接穗）接到另一植物体（称砧木）的适当部位，使两者接合成一个新的完整的植物体的过程。要求嫁接用的砧木和接穗幼苗生长健壮，苗龄适宜，接合部分要达到完全愈合，植株体外观完整，内部组织连接紧密，器官连通好，养分水分输导无阻碍。

1.2　嫁接育苗的优点

减轻土传病害的发生。由于蔬菜的连作日益频繁，使蔬菜上的土传病害越来越严重。如瓜类枯萎病、茄子黄萎病、番茄青枯病等有逐年加重的趋势，严重影响了蔬菜生产的发展。嫁接苗利用砧木品种的根部抗病能力，可以避免土传病害从根部对作物直接侵染，减少发病机会。

提高蔬菜的抗逆性。植物的耐低温能力主要取决于根系，利用砧木优良的耐低温能力，通过嫁接可以增强蔬菜植株的抗寒性。以黄瓜与黑籽南瓜嫁接为例，黄瓜不耐低温，生长最适宜的温度范围较窄，易受冷害，而黑籽南瓜可忍受低温，嫁接后仍然保持了这一特性。此外，由于多数砧木来自野生或半野生蔬菜，除具有抗寒性的特点外，有些砧木还具有耐酸、耐盐碱、抗旱、耐热、耐湿的特点。

提高水肥的利用率。砧木使用的野生蔬菜根系强大，根系的吸收能力和合成能力强，能更有效地吸收土壤中的水和养分，能使植株在一定程度上克服早衰，延长茄果类蔬菜的采收期，进而提高蔬菜的产量。

减少农药的施用量。近年来，随着无公害蔬菜生产发展的需要，农药的使用种类和施用量都受到了很大的限制，利用嫁接的方法可减少农药的施用量，顺应了无公害蔬菜生产发展的要求。

改善蔬菜的品质。嫁接栽培的果实只要选用合适的砧木，一般不会使品质下降，一些作物反而能得到改善。如嫁接黄瓜果肉增厚，心室变小，苦味瓜比例降低；嫁接西瓜显著增大，糖度无明显下降。

1.3 嫁接育苗的发展现状

蔬菜嫁接主要集中于耕地面积小、保护地栽培面积大、轮作不便、连作障碍严重和需要精耕细作的地区和国家。美国等一些国家耕地面积大，集约化程度低，借助轮作可以解决连作障碍，采用嫁接栽培相对较少。在欧洲，50％以上的黄瓜和甜瓜采用嫁接栽培。在日本和韩国，不论是大田栽培还是温室栽培，应用嫁接苗已成为瓜类和茄果类蔬菜高产稳产和环保型农业的重要技术措施，成为克服蔬菜连作障碍的主要手段，西瓜嫁接栽培比例超过 95％，温室黄瓜占 70％～85％，保护地或露地栽培番茄也正逐步推广应用嫁接苗。我国自20世纪80年代以来，随着温室、大棚等保护设施发展，黄瓜、西瓜嫁接栽培面积逐渐扩大。目前，保护地黄瓜、西瓜嫁接栽培已较普遍，对甜瓜和其他瓜类以及茄果类蔬菜嫁接防病栽培的研究和应用日益增加。

传统的手工嫁接方法，要求技术熟练，费时费工，在规模化育苗时虽仍在采用，但也向着简化工序、节省人工、提高效率的方向发展。随着现代农业装备技术的进步，嫁接机械的研发，近年来，在日本、荷兰等国，手工嫁接育苗逐渐被智能化机器人嫁接育苗所代替，比手工嫁接提高工效几十倍。嫁接育苗在工厂化、规模化育苗中逐步得到扩大应用。

2　蔬菜嫁接成活的机理

嫁接的基本原理是通过嫁接使砧木和接穗形成一个整体。砧木和接穗切口处细胞由于受刀伤刺激，两者的形成层和薄壁细胞开始旺盛分裂，从而在接口部位产生愈伤组织，将砧木和接穗结合在一起。与此同时，两者切口处输导组织相邻细胞也进行分化形成同型组织，使上下输导组织相连通而构成一个完整个体。这样，砧木根系吸收的水分、矿质营养及合成的物质可通过输导组织运送到地上部，接穗光合同化产物也可以通过输导组织运送到地下部，以满足嫁接后植株正常生长需要。尽管嫁接愈合时间因作物种类、年龄、嫁接方法和时期而不同，但砧木与接穗的愈合过程却基本相同。

3　影响嫁接成活的因素

嫁接后砧木与接穗接合部愈合，植株外观完整，内部组织连接紧密，水分、养分畅通无阻，幼苗生育正常则为嫁接成活。影响嫁接成活率的主要因素如下：

嫁接亲和力，即砧木与接穗嫁接后正常愈合和生长发育的能力，这是嫁接成活与否的决定性因素。亲和力高的嫁接后容易成活，反之则不易成活。嫁接亲和力高低往往与砧木和接穗的亲缘关系远近密切相关，亲缘关系近者亲和力提高，亲缘关系远者亲和力较低，甚至不亲和；也有亲缘较远而亲和力较高的特殊情况。

砧木与接穗的生活力，这是影响嫁接成活率的直接因素。幼苗生长健壮、发育良好、生活力强者嫁接后容易成活，成活后生育状况也好；病弱苗、徒长苗生活力弱，嫁接后不易成活。

环境条件光照、温度、湿度等均是影响嫁接成活率的重要因素。嫁接过程和嫁接后管理过程中温度太低、湿度过小、过大或持续时间过长均会影响愈伤组织形成和伤口愈合，降低成活率。

嫁接技术及嫁接后管理水平也会影响嫁接成活率。适宜嫁接时期内苗龄越小，可塑性越大，越有利于伤口愈合。瓜类蔬菜苗龄过大胚轴中空或苗龄过小操作不便均不利于嫁接和成活。嫁接过程中砧木和接穗均需要一定切口长度，砧穗接合面宽大且两者形成层密接有利于愈伤组织形成和嫁接成活。同时，操作过程中手要稳、刀要利、削面要平、切口吻合要好。此外，嫁接愈合期管理工作也至关重要，成活率也受较多人为因素影响。

4　蔬菜嫁接育苗的方法

4.1　靠接法

靠接法适用于黄瓜、甜瓜、西瓜、西葫芦、苦瓜等蔬菜，尤其是应用胚轴较细的砧土嫁接，以黄瓜、甜瓜应用较多。嫁接适期为砧木子叶全展，第一片真叶显露；接穗第一片真叶始露至半展，幼苗下胚轴长度5～6厘米利于操作。嫁接过早，幼苗太小操作不方便；嫁接过晚，成活率低。通常，以南瓜为砧木嫁接黄瓜时，黄瓜要比南瓜早播2～5天，黄瓜播种后10～12天嫁接；西瓜育苗时，如以瓠瓜为砧木，西瓜要比瓠瓜早播3～10天，如以南瓜为砧木，西瓜要比南瓜早播5～6天。幼苗生长过程中保持较高的苗床温湿度有利于下胚轴伸长。同时注意保持幼苗清洁，减少沙粒、灰尘污染。嫁接前适当控苗使其生长健壮。

嫁接时首先将砧木苗和接穗苗的基质喷湿，从育苗盘中挖出后用湿布覆盖，防止萎蔫。取接穗，在子叶下部1.0～1.5厘米处成15°～20°角向上斜切一刀，深度达胚轴直径的3/5～2/3；去除砧木生长点和真叶，在其子叶节下0.5～1.0厘米处成20°～30°角向下斜切一刀，深度达胚轴直径的1/2，砧木、接穗切口长度0.6～0.8厘米；最后将砧木和接穗的切口相互套插在一起，用专用嫁接夹固定或用塑料条带绑缚后将砧穗复合体栽入营养钵中，保持两者根茎距离1～2厘米，以利于成活后断茎去根。

靠接苗易管理，成活率高，生长整齐，操作容易。但此法嫁接速度慢，接口需要固定物，并且增加了成活后断茎去根工序；接口位置低，易受土壤污染和发生不定根，幼苗搬运和田间管理时接口部位易脱离。采用靠接法要注意两点：①南瓜砧幼苗下胚轴是一中空管状体，髓腔上部小、下部大，所以若以南瓜作砧木时，其苗龄不宜太大，切口部位应靠近胚轴上部，砧穗切口深度、长度要适合。切口太浅，砧木与接穗切合面小，砧穗结合不牢固，养分输送不畅，易形成僵化幼苗，成活困难；切口太深，砧木茎部易折断。②接口和断根部位不能太低，以防栽植时被基质或土壤掩埋，再生不定根或者髓腔中产生不定根入土地，失去嫁接意义。

4.2 插接法

插接法适用于西瓜、黄瓜、甜瓜等蔬菜，尤其是应用胚轴较粗的砧木种类。接穗子叶全展，砧木子叶展平，第一片真叶显露至初展为嫁接适宜时期。根据育苗季节与环境，南瓜砧木比黄瓜早播2～5天，黄瓜播种后7～8天嫁接；瓠瓜砧比西瓜早播5～10天，即瓠瓜出苗后播种西瓜；南瓜砧比西瓜早播2～5天，西瓜播后7～8天嫁接；共砧同时播种。育苗过程中根据砧穗生长状况调节苗床温湿度，促使幼茎粗壮，砧穗同时达到嫁接适期。

砧木胚轴过细时可提前 2～3 天摘除其生长点，促其增粗。

嫁接时首先喷湿接穗、砧木钵（盘）内基质，取出接穗苗，用水洗净根部放入瓷盘，湿布覆盖保湿。砧木无需挖出，直接摆放在操作台上，用竹签剔除其真叶和生长点。去除真叶和生长点要求干净彻底，减少再次萌发，并注意不要损伤子叶。左手轻捏砧木苗子叶节，右手持一根宽度与接穗下胚轴粗细相近、近端削尖略扁的光滑竹签，紧贴砧木一片子叶基部内侧向另一片子叶下放斜插，深度 0.5～0.8 厘米，竹签尖端在子叶节下 0.3～0.5 厘米出现，但不要穿过胚轴表皮，以手指能感觉到其尖端压力为度。插孔时要避开砧木胚轴的中心空腔，插入迅速准确，竹签暂不拔出。然后用左手拇指和无名指将接穗 2 片子叶合拢捏住，食指和中指夹住其根部，右手持刀片在子叶节以下 0.5 厘米处成 30°角向前斜切，切口长度0.5～0.8 厘米，接着从背面再切一刀，角度小于前者，以划破胚轴表皮、切除根部为目的，使下胚轴成不规则楔形。切削接穗时速度要快，道口要平直，并且切口方向与子叶伸展方向平行。拔出砧木上的竹签，将削好的接穗插入砧木小孔中，使两者密接。砧穗子叶伸展方向呈十字形，以利于见光。插入接穗后用手稍晃动，以感觉比较紧实为宜。

插接时，用竹签剔除其真叶和生长点后亦可向下直插，接穗胚轴两侧削口可稍长。直插嫁接容易成活，但往往接穗易由髓腔向下，易生不定根，影响嫁接效果。

插接法砧木苗无需取出，减少了嫁接苗栽植和嫁接夹使用等工序，也不用断茎去根，嫁接速度快，操作方便，省工省力；嫁接部位紧靠子叶节，细胞分裂旺盛，维管束集中，愈合速度快，接口牢固，砧穗不易脱裂折断，成活率高；接口位置高，不易再度污染和感染，防病效果好。但插接对嫁接操作熟练程度、嫁接苗龄、成活期管理水平要求严格，技术不熟练时嫁接成活率低，后期生长不良。

4.3　断根插接法

蔬菜断根嫁接法是日本于1976年在普通插接法的基础上创造的，常用于瓜类、茄果类蔬菜嫁接育苗。通常在瓜类砧木第一片真叶始露时接穗开始播种，当砧木长至1叶1心，接穗子叶展开时即可进行嫁接。嫁接前先将砧木断根，然后采用顶插接法嫁接。

以华中农业大学别之龙等建立的黄瓜断根嫁接技术为例说明嫁接过程：嫁接前用刀片将砧木从茎基部断根，嫁接时去掉砧木生长点，用竹签紧贴子叶叶柄中脉基部向另一子叶叶柄基部成45°角斜插，竹签稍穿透砧木表皮，露出竹签尖，在黄瓜苗子叶基部0.5厘米处平行于子叶斜削一刀，再垂直于子叶将胚轴切成楔形，切面长0.5～0.8厘米，拔出竹签，将切好的接穗迅速准确地斜插入砧木切口内，尖端稍穿透砧木表皮，使接穗与砧木吻合，子叶交叉成十字形。嫁接时力求达到3个“一致”，即竹签粗细与接穗下胚轴一致，竹签插入角度与接穗切口角度一致，接穗切削的速度与嫁接速度一致。嫁接后迅速将断根嫁接苗扦插入事先准备好的穴盘内进行保温育苗。

断根嫁接技术利用砧木生不定根的特点，促其再生新根长成完整植株。由于嫁接过程中已断去根，嫁接过程比较清洁，也可不受昼夜时间限制进行轮班操作，能有效提高嫁接操作效率。扦插生根可以有效防止砧木徒长，提高嫁接效率，而且新根发生快，侧根多而粗壮，幼苗生长强健，利于高产，但愈合期需配合可控驯化设施进行周到管理，适于黄瓜、西瓜等瓜类蔬菜工厂化育苗。

4.4　劈接法

劈接法是茄子嫁接采用的主要方法。一般砧木提前7～10天播种，如托鲁巴姆砧木种子则需提前25～35天。砧木、接穗1

片真叶时进行第一次分苗，3 片真叶前后进行第二次分苗，此时可将其栽入营养钵中。

砧木和接穗约 5 片真叶时嫁接。嫁接前 5～6 天适当控水促使砧穗粗壮，接前 2 天一次性浇足水分。嫁接时首先将砧木于第二片真叶上方截断，用刀片将茎从中间劈开，劈口长度 1～2 厘米。接着将接穗苗拔出，保留 2 片真叶和生长点，用锋利刀片将其基部削成楔形，切口长 1～2 厘米，然后将削好的接穗插入砧木劈口中，用夹子固定或用塑料带活结绑缚。

番茄劈接时砧木提早 5～7 天播种，砧木和接穗约 5 片真叶时嫁接。保留砧木基部第一片真叶切除上部茎，从切口中央向下垂直纵切一刀，深 1.0～1.5 厘米；接穗于第二片真叶处切断，并将基部削成楔形，切口长度与砧木切缝深度相同。最后将削好的接穗插入砧木切缝中，并使两者密接，加以固定。砧木苗较小时可于子叶节以上切断，然后纵切。劈接法砧穗苗龄均较大，操作简单，容易掌握，嫁接成活率也较高。

5 自动嫁接机的开发与应用

5.1 自动嫁接机的研发现状

国外开发研究嫁接机的国家主要是日本和韩国。日本农林水产省生物系特定产业技术研究推进机构（生研机构）率先组织多家企业探索研究瓜类作物嫁接机，分别在 1987 年、1989 年和 1991 年研制出人工上苗半自动（人工单株上、下苗）、圆盘上苗半自动和苗盘上苗全自动（采用苗盘上苗）嫁接试验台架，均采用贴接法和夹子固定。生研机构认为：①嫁接用苗子夹持时茎秆压缩量不超过 30%，对秧苗无伤害；②秧苗夹具夹持面上包覆薄橡胶材料可避免茎秆外表损伤；③砧木切削作业质量对贴接法嫁接成功率影响较大，未切断和切削过量都会导致嫁接失败；④振动盘送料器适合固定夹自动供给。在此研究基础上，1993 年日本井关公司与生研机构合作基于贴接法开发出商业化产品 GR800 型半自动瓜类作物嫁接机，生产率为 600 株/小时，该机在我国已有使用。洋马公司 2004 年推出了体积较小、操作方便的 T600 型半自动化瓜科嫁接机，该机采用类似平接法的 V 形嫁接法，采用套管固定砧木和接穗，其生产率也达到 600 株/小时。近年日本又在 GR800 型半自动瓜类作物嫁接机的基础上，开发了自动上砧木和接穗苗的自动嫁接机，提高了嫁接机的自动化程度，同时提高了嫁接生产率。

韩国 20 世纪 90 年代初基于靠接法开发出小型半自动瓜类作物嫁接机，该机不仅由人工上下苗，还需手工上固定夹，嫁接生产率仅为 310 株/小时，因其结构简单、价格低廉，在日本、韩国和中国有一定销量，但是，因为砧、穗茎径差异问题，作业质量不稳定。之后基于贴接法韩国又开发类似于日本 GR800 型嫁接机的 GR－600CS 型半自动瓜类作物嫁接机，生产率为 600 株/小时，目前该机型已销售到我国。

国内嫁接机的研发始于 20 世纪 90 年代后期。中国农业大学张铁中针对瓜类作物基于插接法进行了自动嫁接台架试验，嫁接成功率达到 85%；1998 年在中国率先研制出 2JSZ－600 型半自动瓜科嫁接机，该机基于贴接法，采用夹子固定砧木与接穗，生产率达到 600 株/小时。2006 年东北农业大学针对瓜科作物，基于插接法研制出 2JC－350 型半自动嫁接机，通过定位销和减小接穗切削剩余长度使嫁接成功率达到 90%，经改进生产率达到 450 株/小时。2009 年华南农业大学依托国家支撑项目，针对瓜类作物开发出了瓜科全自动嫁接机，该机采用断根插接法，以穴盘上砧木和接穗苗，一次同时完成 5 株苗的嫁接作业，完成嫁接的嫁接苗自动回栽到穴盘后整盘下机，设计生产率 1 200 株/小时。2010 年华南农业大学与国家农业智能设备工程技术研究中心合作，采用插接法研制出 2JC－600 型半自动嫁接机，该机生产率达到 600 株/小时以上。

5.2 自动嫁接机的应用要求

作业生产率的要求。嫁接作业生产率是自动嫁接机的核心指标，采用自动嫁接机的目的：第一，提高嫁接生产率，抢农时，增强嫁接苗能力；第二，减少作业人数，降低嫁接作业的成本，减轻生产人员管理制度；第三，保证作业质量稳定，便于嫁接技术合理管理和新技术的推广。以上三条中有两条直接受生产率的制约，如果嫁接机的生产率不在人工作业生产率的2倍以上，作业效率不显著，虽然嫁接机具有持续作业稳定不走样的特点，但还是很难被嫁接苗生产单位所接受。因此，对于半自动嫁接机而言，需1人上砧木苗、1人上接穗苗，若1个人的平均人工嫁接作业生产率以150株/小时估算，那么嫁接机的生产率低于600株/小时就不会有市场需求。

操作维护要求。自动嫁接机是采用先进工业自动化技术，结合农业栽培工艺的高科技产物，有别于传统的农业机械，它应用了精密传动技术、气动技术和PLC自动控制技术等，在使用和维护上较为烦琐，这对于从事农业生产的人员来讲具有一定的难度，因此在开发设计时要考虑使用者的技术水平，使开发出的嫁接机操作简单、维护保养方便。

嫁接用苗的要求。工业装备与农业装备最大的区别在于作业对象的不同，工业作业对象绝大多数都是尺寸、形状和形态是固定不变的，这种情况下装备的设计较为简单，可是，农业作业对象大多数情况下的尺寸、形状和形态都不是固定不变的，存在个体差异。因此，再完美的自动嫁接机对嫁接用苗也不能无条件的适用，即只能适应一个尺寸范围内的秧苗。自动嫁接机的实际作业生产，要求提供合理的秧苗尺寸、形状和形态的变化范围；在生产中，需要在栽培环节严格控制育苗环境条件，培育出均一性较高的嫁接用苗。

5.3 自动嫁接的方法

（1）套管式嫁接法。此法适于黄瓜、西瓜、番茄、茄子等蔬菜。首先将砧木的胚轴（瓜类）或茎（茄果类，在子叶或第一片真叶上方）沿其伸长方向成25°～30°斜向切断，在切断处套上嫁接专用支持套管，套管上端倾斜面与砧木斜面方向一致。然后，瓜类在接穗下胚轴上部，茄果类在子叶（或第一片真叶）上方，按照上述角度斜切断，沿着与套管倾斜面相一致的方向把接穗插入支持套管，尽量使砧木与接穗的切面很好吻合在一起。嫁接完毕后将幼苗放入驯化设施中保持一定温室和湿度，促进伤口愈合。砧木、接穗子叶刚刚展开，下胚轴长度4～5厘米时为嫁接适宜时期。砧木、接穗过大成活率降低；接穗过小，虽不影响成活率，但以后生育迟缓，嫁接操作也困难。茄果类幼苗嫁接，砧木、接穗幼苗茎粗不相吻合时，可适当调节嫁接切口处位置，使嫁接切口处的茎粗基本相一致。

此法操作简单，嫁接效率高，驯化管理方便，成活率及幼苗质量高，适于机械化作业和工厂化育苗。砧木可直接播于营养钵或穴盘中，无需取出，便于移动运送。

（2）单子叶切除式嫁接法。为了提高瓜类幼苗的嫁接成活率，人们还设计出砧木单子叶切除式嫁接法。具体方法是：将南瓜砧木的子叶保留1片，将另一片和生长点一直斜切掉，再与在胚轴处斜切的黄瓜接穗相接合。南瓜子叶和生长点位置基本一致，所以把子叶基部支起就大体确保把生长点和一片子叶切断。砧穗的固定采用嫁接夹比较牢固，亦可用瞬间黏合剂（专用）涂于砧木与接穗接合部位周围。此法适于机械化作业，亦可手工操作。日本井关农机株式会社已制造出砧木单子叶切除智能嫁接机，由3人同时作业，每小时可嫁接幼苗550～800株，比手工嫁接提高工效8～10倍。

（3）平面嫁接法。平面智能机嫁接法是由日本小松株式会社研制成功的全自动式智能嫁接机完成的嫁接方法，该嫁接机要求砧木、接穗的穴盘均为128穴。嫁接机作业过程：首先，有一台砧木预切机，将砧木在穴盘行进中从子叶以下把上部茎叶切除，然后将切除了砧木上部的穴盘与接穗的穴盘同时放在全自动式智能嫁接机的传送带上，同速行至作业处停住，一侧伸出一机械手把砧木穴盘中的一行砧木夹住，切刀在贴近机械手面处重新切一次，使其露出新的切口，接着另一侧的机械手把接穗穴盘中的相应一行接穗夹住从下面切下，并迅速移至砧木之上将两切口平面对接，然后由从喷头喷出的瞬间黏合剂将接口包住，再喷上一层硬化剂把砧木、接穗固定。

此法完全是智能机械化作业，嫁接效率高，每小时可嫁接1 000株；驯化管理方便，成活率及幼苗质量高；由于是对接固定，砧木、接穗的胚轴或茎粗稍有差异不会影响其成活率；砧木在穴盘中无需取出，便于移动运送。平面智能机嫁接法适用于子叶展开的黄瓜、西瓜和1～2片真叶的番茄、茄子。

6　蔬菜嫁接苗的管理

6.1　愈合期管理

蔬菜嫁接后一般需8～10天的愈合期，在此阶段，砧木与接穗的切削面薄壁细胞分裂，产生愈伤组织，砧木与接穗间的细胞逐步开始水分和养分的渗透交流。此后，愈伤组织旺盛分裂，砧木与接穗间愈伤组织紧密连接，直至新生维管束分化形成，嫁接苗成活。在此期间，高温、高湿、中等强度光照条件下愈合速度快、成功率高，加强该阶段的管理有利于促进伤口愈合，提高嫁接成活率。研究表明，嫁接愈合过程是一个物质和能量的消耗进程，CO_2施肥、叶面喷葡萄糖溶液、接口用促进生长的激素（NAA、KT）处理等措施均有利于提高嫁接成活率。

光照管理。嫁接愈合过程中，前期尽量避免阳光直射，以减少叶片蒸腾，防止幼苗失水萎蔫，但要注意让幼苗见散射光。嫁接后 2～3 天内适当用遮阳网遮阴，光照度 4 000～5 000 勒克斯为宜；3 天后早晚不再遮阴，只在中午光照较强的一段时间临时遮阴，以后遮光时间逐渐缩短；7～8 天后去除遮阴物，全日见光。

温度管理。嫁接后保持较常规育苗稍高的温度可以加快愈合进程。黄瓜刚刚完成嫁接后提高地温到 22℃以上，气温白天 25～28℃，夜间 18～20℃，高于 30℃时适当降温；西瓜和甜瓜气温白天 25～30℃，夜间 23℃，地温 25℃左右；番茄白天 23～28℃，夜间 18～20℃；茄子嫁接后前 3 天气温要提高到 28～30℃。嫁接后 3～7 天，随通风量的增加降低 2～3℃，7 天后叶片恢复生长时说明接口已经愈合，开始进入正常温度管理。

湿度管理。将接穗水分蒸腾减小到最低限度是提高嫁接成活率的决定性因素之一。嫁接前让接穗充分吸足水分，每株幼苗完成嫁接后立即将基质浇透水，随嫁接随将幼苗放入已充分浇湿的小拱棚中，用薄膜覆盖保湿，嫁接完毕后将四周封严。前 3 天相对湿度最好控制在 95％以上，每日上午、下午各喷雾 1～2 次，保持高湿状态，薄膜上布满露滴为宜。喷水时喷头朝上，喷至膜面上最好，避免直接喷洒嫁接部位引起接口腐烂。倘若在薄膜下衬一层湿透的无纺布则保湿效果更好。4～6 天内相对湿度可稍微降低至 85％～90％为宜，一般只在中午前后喷雾。嫁接 7 天后转入正常管理。断根插接幼苗保温保湿时间适当延长，以促进发根、减少病原菌侵染、提高幼苗抗病性、促进伤口愈合，喷雾时可配合喷洒丰产素或杀菌剂。

通风管理。嫁接后前 3 天一般不通风，保温保湿。断根插接幼苗高温、高湿下易发病，每日可进行 2 次换气，但换气后需再次喷雾并密闭保湿。3 天以后视作物种类和幼苗长势早晚通小风。以后通风口再逐渐加大，通风时间逐渐延长。10 天左右幼苗成活后去除薄膜，进入常规管理。

6.2 成活后管理

嫁接苗成活后的环境调控与普通育苗基本一致。但结合嫁接苗自身特点需要做好以下几项工作：

断根。嫁接育苗主要利用砧木的根系，采用靠接等方法嫁接的幼苗仍保留接穗的完整根系，待其成活以后，要在靠近接口部位下方将接穗胚轴或茎剪断，一般下午进行较好。刚刚断根的苗若中午出现萎蔫可临时遮阴。断根前1天最好先用手将接穗胚轴或茎的下部捏几下，破坏其维管束，这样断根之后更容易缓苗。断根部位尽量上靠接口处，以防止与土壤接触重生不定根引起病原菌而失去嫁接防病意义。为避免切断的两部分重要接合，可将接穗带根下胚轴再切去一段或直接拔除。断根后2～4天去掉嫁接夹等束缚物，对于接处生出的不定根及时检查去除。

去萌蘖。砧木嫁接时去掉其生长点和真叶，但幼苗成活和生长过程中会有萌蘖发生，在较高温度和湿度条件下生长迅速，一方面与接穗争夺养分，影响愈合成活速度和幼苗生长发育；另一方面会影响接穗的果实品质，降低商品价值。所以，从通风开始就要及时检查和清除所有砧木发生的萌蘖，保证接穗顺利生长。番茄、茄子嫁接成活后还要及时去除砧木的真叶及子叶。

幼苗成活后及时检查，除去未成活的嫁接苗，成活嫁接苗分级管理。对成活稍差的幼苗以促为主，成活好的幼苗进入正常管理。随幼苗生长逐渐拉大苗距，避免相互遮阴。苗床应保证良好的光照、温度、湿度，以促进幼苗生长。幼苗定植前注意炼苗。番茄嫁接苗容易倒伏，应立杆或支架绑缚。

第三节　组培快繁技术在工厂化育苗中的应用

植物组织培养是根据植物细胞具有全能性的理论，利用植物体离体的器官（如根、茎、叶、茎尖、花、果实等）、组织（如形成层、表皮、皮层、髓部细胞、胚乳等）或细胞（如大孢子、小孢子、体细胞等）以及原生质体，在无菌和适宜的人工培养基及光照、温度等人工条件下，诱导出愈伤组织、不定芽、不定根，最后形成完整的植株的过程。组织培养包括胚胎培养、器官培养、愈伤组织培养、细胞培养、原生质体培养等多种类型，用于育苗以器官培养中的茎叶离体成苗技术最为普遍。早在1960年，Morel首先建立了兰花离体繁殖方法，目前已有包括绝大多数蔬菜在内的400多种植物的离体繁殖研究获得了成功，特别是在许多重要作物的种苗生产上已经广泛应用，取得了巨大的经济效益和社会效益。

组织培养可以快速大量繁殖秧苗，最初应用于育种过程，现在已广泛应用于名贵蔬菜、果树、花卉的快繁上。与传统育苗方式比较，组培快繁具有批量生产速度快、秧苗一致性好等优点，但也存在育苗成本高、技术难度大等不足，在一般蔬菜作物育苗上应用较少。但目前已有人研究尝试将组培快繁技术与嫁接育苗技术相结合，利用组培快繁技术生产接穗，再通过嫁接方式大量生产优质蔬菜种苗。随着技术进步、成本降低，组培苗的工厂化生产将逐步发展起来。

组培快繁的一般步骤为四个环节，即无菌培养物的建立，培养物的增殖，器官的分化，植株的形成和移栽。

1 无菌培养物的建立

无菌培养物的建立包括外植体选择、灭菌、接种、培养等过程。

1.1 外植体选择

根据细胞全能性学说，在植物体的任何部位，如根、茎、叶、花、果实、种子等上选择外植体均可培养，但是由于植物种类不同、同一植物不同器官、同一器官不同生理状态，对外界诱导反应能力及分化再生能力是不同的，因此选择适宜的外植体是影响组织培养成败的重要因素之一。

外植体来源。从田间或温室中生长健壮、无病虫害的植株上选取发育正常的器官或组织作为外植体，离体培养易于成功。因为这部分器官或组织代谢旺盛，再生能力强。同一植物不同部分之间的再生能力差别较大，如同一种百合鳞茎的外层鳞片比内层鳞片再生能力强，下段比中段、上段再生能力强。因此，最好对所要培养的植物各部分的诱导及分化能力进行比较，从中筛选合适的、最易再生的部位作为最佳外植体。对于大多数植物来说，茎尖是较好的外植体，由于茎形态已基本建成，生长速度快，遗传性稳定，也是获得无病毒苗的重要途径，如马铃薯、生姜、莲藕等的脱毒苗生产。但茎尖往往受到材料来源的限制，为此可以采用茎段、叶片作为培养材料。

外植体大小。在进行组培快繁时，一般要求外植体较大，但外植体过大，杀菌不彻底，易于污染。一般外植体大小在0.5～1.0厘米为宜，具体来说，叶片、花瓣等约为5厘米^2，茎段则长约0.5毫米，茎尖分生组织带1～2个0.2～0.3毫米大小的叶原基等。

取材季节。离体培养的外植体最好在植物生长的最适时期，即在其生长开始的季节采样，若在生长末期或已经进入休眠期取样，则外植体会对诱导反应迟钝或无反应。马铃薯组织培养，在12月和4月取材的外植体具有强烈的再生能力，而在2～3月或5～11月取材，则很少能够再生。

外植体的生理状态和发育年龄。外植体的生理状态和发育年龄直接影响离体培养过程中的形态发生。一般认为，沿植物的主轴，越向上的部分所形成的器官虽然其生长时间越短，但生理年龄越老，越接近发育上的成熟，越易形成花器官；反之越向基部，其生理年龄越小。一般情况下，越幼嫩、年限越短的组织具有较高的形态发生能力，组织培养越易成功。

1.2 外植体灭菌

常用的植物外植体灭菌有次氯酸盐、氯化汞等。次氯酸盐一般用于一些较软和较幼嫩的组织消毒，时间一般在5～30分钟，氯化汞灭菌效果最好，但其残留液最难去除，而且对植物组织的伤害亦较大，因此必须严格控制好消毒时间，一般不超过15分钟，使用浓度为0.1%～0.2%。种子、块根、块茎及较硬的组织可采用氯化汞消毒以保证灭菌效果。表6-1为几种常用消毒剂的效果比较。

表6-1 几种常用消毒剂的效果比较

消毒剂	使用浓度（%）	消毒时间（分钟）	效果	残液去除难易
次氯酸钙	10	5～30	好	易
次氯酸钠	2～5	5～30	好	易
新洁尔灭	10～20	5～30	好	易
氯化汞	0.1～1	2～10	最好	最难
过氧化氢	10～12	5～15	较好	最易
抗菌素	4～50毫克/升	30～60	较好	较难

1.3 外植体接种

将消毒好的外植体在超净工作台上进行分离，切割成需要的材料大小，并将其转移到培养基上的过程，即外植体接种。大致步骤如下：在无菌条件下切取消毒好的外植体，较大的材料通常在无菌培养皿或载玻片上进行；然后将培养容器试管或三角瓶的瓶口靠近酒精灯火焰，将瓶口外部在火焰上烧几秒钟，然后轻轻取出封口物；再将瓶口在火焰旋转灼烧后，用灼烧冷却的镊子将外植体均匀分布在培养容器内的培养基上，封住瓶口。材料接种完毕后，一般需注明植物名称、接种日期、处理方法等以免混淆。

1.4 外植体培养

植物离体培养与自然栽培一样，也受温度、光照、培养基的渗透压等各种环境因素的影响，因此也需要严格控制培养条件。

温度。在组织培养中，温度不仅影响细胞的增殖与分化，同时为了一些特殊的需要还常常采用不同温度处理。植物组织培养常用的温度范围一般在20～30℃，低于15℃或高于35℃均会影响培养物的生长。在具体培养中，温度的设置必须根据植物类型来确定，如马铃薯一般用20℃。在大多数情况下，适温有利于细胞分裂，即可以提高细胞分裂速率；适当提高温度有利于细胞生长；在一定范围内降低培养温度则使细胞分裂和生长速度均减缓，而且使细胞的质量增加。这可能是在低温下细胞代谢降低，消耗减少，从而使内含物积累增加的缘故，但温度过低会导致生长停止，有时还会使愈伤组织褐化。

光照。影响组织培养的光照条件包括光照度、光质和光照时间等。光照过强常常抑制培养初期外植体的增殖，一方面是由于强光照往往抑制外植体周缘细胞的分裂，使外植体的启动时间推迟；另一方面是由于在光照下外植体伤口迅速褐化，从而影响增殖。因此，外植体的培养初期和愈伤组织增殖阶段，一般在黑暗条件下或在弱光照下培养比较好；在器官分化阶段，强光照是必要的。光质对细胞增殖的影响目前还没有定论，因为光质对细胞分裂的影响似乎受一些培养基成分的控制，如维生素等，而光质对器官的分化具有一定的影响。马铃薯试管薯形成过程中，蓝色光有利于试管块茎的形成，而红色光则抑制块茎的形成。在组织培养条件下的光照时间与自然条件下的光照需求是一致的，而且更便于控制和调节，因此也更便于人们根据自己的需要而控制其细胞增殖或器官分化，这也使得组织培养技术更为实用化。在生产过程中，大多数通过调节光照时间来达到较好的生产效益。

湿度。组织培养中湿度的影响有两个方面：一是培养容器内的湿度条件，二是环境的湿度条件。容器内相对湿度几乎是100%，环境的相对湿度一般要求低于70%～80%。环境的相对湿度能直接影响容器内培养基的相对湿度，环境的相对湿度过低时，会使培养基的水分蒸发，从而改变培养基中各种成分的浓度，使渗透压提高，进而改变培养基的物理性质，影响培养物的生长和分化。但是，相对湿度过高时如果环境控制不好则易产生污染，也会影响培养结果。在实际工作中，大多数培养室的温度条件是符合要求的。

pH值。通常使用的pH值范围是5.5～6.5，pH4.0以下或7.0以上时培养物就不能正常代谢生长。在培养过程中，由于培养物对各种成分的吸收并不是同步和相同的，另外，培养物本身的代谢产物亦会不断释放到培养基中，这些均会使培养基的pH发生改变。如番茄离体根的培养，当使用以硝态氮为单一氮源的White培养基时，随着根的生长，NO_3^-大量被吸收，在7天内pH值从最初的5.2升高到6.2；当以铵态氮为单一氮源时，由于根对NH_4^+的吸收会使pH向酸性方向递减。因此，现在一般多使用多种氮无机盐作为氮源，以免引起培养基在培养过程中pH变化过大而对培养物产生危害。

通气条件。愈伤组织的生长是需要氧气的。在进行组织培养时，如果组织完全浸入培养基中，与氧气隔绝，生长则停止，因此一定要有部分组织与空气接触。如果瓶塞封闭完全不通气时，培养物就不能生长。所以增加可利用的氧，迅速除去释放出来的CO_2有利于外植体外层细胞开始分裂。如果进行液体培养时，通气是很有必要的，振荡培养是常用的改善通气条件的培养方式，通气的程度根据振荡资次数、容器型号、振幅、培养基量、培养机械的各类而不同。

2 培养物的增殖

培养物的增殖是离体繁殖技术最重要的环节，它的成功与否直接关系到所建立的无菌培养物是否能应用于生产实际。由于植物种类、自然生长的习性不同，其增殖方式及所采取的相应技术措施也不一样。一般来讲培养物的增殖有 4 种方式，即芽增殖、不定芽增殖、胚状体增殖和愈伤组织增殖。

2.1 芽增殖

高等植物的每一叶腋通常都有腋芽，在适宜的条件下每一个腋芽均可以长成一个新的枝条或小植株，这就是自然条件下扦插繁殖的基础。在离体培养下，加入适当浓度的细胞分裂素或去除顶端不加任何激素，即可使腋芽伸长或长成芽丛，经过反复切割即可得到大量的芽，再经过生根培养就可以生产出大量的试管苗。其特点是培养方法简单，能高度保持遗传稳定性，能长期继代繁殖。目前采用这一方式快速繁殖的植物有马铃薯、草莓等。这一繁殖方式一般需要添加外源激素，如果某些植物需要使用激素，一定要严格控制浓度，以防止产生愈伤组织。

2.2 不定芽增殖

以现存的芽以外的任何器官、组织上通过器官发生重新形成的芽称为不定芽。在自然条件下，许多植物的器官可以产生不定芽。在组织培养条件下，可以使这种能力极好地得到发挥，而且还能使通常不产生不定芽的植物或器官形成不定芽，如甘蓝、番茄等。诱导不定芽一般需要同时加入外尖生长素和细胞分裂素，二者的配比一般是细胞分裂素略高于生长素，以免产生过多的愈伤组织。需要注意的是，当培养物继代一定次数以后，当不定芽形成减弱时要重新开始培养无菌培养物，而且不定芽一般需要进行生根培养才能形成真正的植株。

2.3 胚状体增殖

虽然在自然条件下只有少数植物（如芸香科）可以由珠心细胞产生胚状体心胚，但在组织培养条件下已有 30 多科 150 多种植物可以产生胚状体。在诱导胚状体形成时一般使用胚、分生组织或生殖器官作为外植体，培养基需含有丰富的还原态氮，在生长素浓度适宜的条件下进行培养。胚状体形成以后，要及时转移到低浓度而不含生长素的培养基中使胚状体成熟。胚状体增殖的特点是繁殖系数高，双极性免去生根环节，但胚状体休眠的诱导和解除还很难把握，其成苗率还不高。因此目前除一些特殊用途外（如人工种子），这一途径还没有用于快繁技术。

2.4 愈伤组织增殖

几乎所有的植物通过组织培养的方法均可诱导愈伤组织，再进一步分化即可获得小植株。这一途径经历了组织培养技术的所有过程（愈伤组织诱导—愈伤组织增殖—芽分化—生根—完整植株），它属于真正意义上的组织培养。一切通过其他增殖方式不能成功的植物，均可以通过此途径获得组培苗。愈伤组织增殖的特点是成功率高，繁殖系数大，但遗传性较差。

3 器官分化

3.1 维管组织的分化

早期研究发现丁香的芽可以诱导邻近的组织分化出维管束，后证明这是芽中吲哚乙酸的作用。将一块含有^{14}C的吲哚乙酸和蔗糖的琼胶楔形物插入到愈伤组织切口中，检测表明蔗糖和吲哚乙酸通过琼胶扩散到愈伤组织，从而在愈伤组织中造成这两种物质的梯度，在楔形物周边形成维管束的瘤状物，瘤状物含有一形成层带，一面形成韧皮部，一面形成木质部，与正常的维管束有类似的排列。增加吲哚乙酸的浓度，导致木质部形成，增加蔗糖浓度则导致韧皮部形成。生长素水平恒定时，2%蔗糖则全部分化出木质部，4%蔗糖几乎全部分化出韧皮部，3%蔗糖则可以分化出二者。所以，生长素和蔗糖浓度决定愈伤组织中维管束的类型与数量。Rier 和 Beslow 进一步报道，蔗糖不仅影响细胞的数目，而且影响其结构。低浓度蔗糖（0.5%）诱导出环纹和梯纹管胞，1.5%～3.5%蔗糖诱导出梯纹和网纹细胞。

细胞分裂素类对促进木质部形成也有作用。它们使碳水化合物代谢趋向于五碳糖途径，促进木素前体苯丙烷的合成，不同的细胞分裂素作用不同。玉米素＞激动素＞6-BA（6-苄基腺嘌呤），NAA /激动素的比值为 0.5/20 时有木质部发生和根形成，而比值降为 0.025/0.4 时，只发生木质部而不发生根，赤霉素、乙烯、脱落酸对木质部发生有抑制作用。

3.2 根和芽的分化

外植体诱导出愈伤组织后，经过继代培养，可以在愈伤组织内部形成一类具有分生能力较往年小的细胞团，然后，再分化成不同的器官原基。有些情况下，外植体不经愈伤组织而直接诱导出芽、根，所以器官发生有两种方式，即直接和间接。

根是组织培养中易形成的器官，同一植物不同器官可以诱导出根来。如棉花幼苗子叶、下胚轴切段、油菜叶片、叶柄、下胚轴等，多种植物愈伤组织也易生根。

形成芽的培养基条件常有不同，有时芽与根可以同时在组织培养中形成。在组织培养中通过根、芽诱导再生植株方式有 3 种：一种在芽产生之后，于芽形成的基部长根而形成小植株；一种是在根上生长出芽；另一种即在愈伤组织的不同部位分别形成芽和根，然后两者结合起来形成一株植物。

除营养芽之外，在组织培养中有时也有花芽形成，如烟草、花生等；也有变态器官的形成，如百合鳞片切块分化出的芽，形成小鳞茎；马铃薯的茎切段可以形成块茎。

植物激素的成分影响器官建成，一般认为生长素和激动素比例决定根和芽分化。在很多禾谷类作物的组织培养中发现，用较高浓度的生长素（2，4-D）诱导形成的愈伤组织，当培养在除去生长素或适当浓度的活性较低的生长素中时，就可以诱导芽的形成。但在另一些例子中激素比例控制器官分化的问题则出现完全相反的情况。苜蓿在有2，4-D和细胞分裂素的培养基中，可以形成愈伤组织，转入不加以上两种激素的培养基中能分化，但分化的情况与原来的激素比例有关。如果愈伤组织是在高细胞分裂素/生长素比例的培养基中形成的，易于生根，但在高生长素/细胞分裂素比例的培养基中形成的愈伤组织，则易生芽。因此，分化与激素的关系同植物的遗传性有着密切的关系，用5个品种的烟草做实验，用相同的生长素/细胞分裂素比例，结果有的品种形成很多芽，有的形成很少芽，有的完全不生芽。

4 生产用苗的培植

对于大多数生产单位，直接使用试管苗在技术上还存在一定困难，要根据不同植物的种类和生产力水平确定。在多数情况下试管苗要经过一些缓冲过程以后再用于生产，就一般程序，试管苗生产出来以后，应通过炼苗、假植、定植等过程，最后将其用于大田生产。

第七章

主要蔬菜工厂化育苗技术

第一节　瓜类蔬菜工厂化育苗技术

1　黄瓜

1.1　黄瓜育苗对环境条件的要求

黄瓜属于喜温性蔬菜，既不耐寒又忌高温，种子萌发的最佳温度范围为25～30℃，最低温度为15℃，最高温度40℃。黄瓜种子萌发对温度条件非常敏感。温度高发芽快，但胚芽细长，不宜超过30℃；温度偏低，不易出芽，容易发生烂种现象。黄瓜幼苗生长发育的最佳温度，昼温25℃左右，夜温15℃左右，较大的昼夜温差有利于雌花形成，当昼夜温度达到10～12℃时，雌花多，且着生节位低。幼苗根系生长发育的最佳根际温度为18～20℃，如温度过低，会影响对磷的吸收。

黄瓜喜光，光合能力强的叶片光饱和点为50 000勒克斯，光合能力低的叶片为20 000～30 000勒克斯。黄瓜幼苗对光照反应敏感，光照时间对雌花的影响仅次于温度，8小时的短日照对雌花的分化最为有利，5～6小时短日照虽有促进雌花发生的效果，但不利于黄瓜幼苗的生长，适当延长光照时间有利于黄瓜幼苗的营养生长，但光照时间超过12小时雌花数量会明显减少。与番茄、茄子相比，黄瓜有一定的耐弱光能力，但在光饱和点以下植株同化作用会明显降低。

黄瓜种子膨胀和发芽需水量较少，种子膨胀仅需吸收干种子重40%左右的水分。黄瓜幼苗的根系喜湿怕涝，当基质中氧气含量小于2%时生长受阻。黄瓜幼苗的生长发育需要较多的水分和较高的基质湿度，苗期适宜的有效水含量范围为基质最大持水量的60%～90%，最佳水分含量为70%～75%；空气相对温度白天为70%～80%，夜间80%～90%。

黄瓜幼苗对育苗基质的理化性质要求严格。基质通透性好，适宜的pH 5.5～7.2，最佳pH6.5。黄瓜幼苗对氮素营养敏感，适量范围较窄，一般要求基质中氮素0.008%～0.01%，氮素不足，茎细、叶小、色浅、生长缓慢；氮素过多，不仅生育不良，往往会导致生理障碍，新叶黄化、向内侧翻卷、生长点停止生长、雌花节位升高、雌花率降低，同时黄瓜喜硝态氮，如铵态氮多时深绿但根系活动减弱。黄瓜幼苗需磷较多，苗期容易出现缺磷症状，表现为茎细长、叶小、暗绿色、根系弱、生育延迟；磷肥充足能够提高雌花率，磷的适宜范围为0.015%～0.02%。黄瓜苗期对钾反应不如氮、磷敏感，但吸收量较大，缺钾时根系生育受抑制，但钾过量可降低雌花率。

1.2　黄瓜穴盘育苗技术要点

播种期确定。黄瓜育苗播种期的确定依栽培方式、育苗条件、栽培地区及品种等不同而有较大差异。一般为了争取早熟，黄瓜适龄壮苗应具备4～5片真叶，叶片较大、深绿色，子叶健全，株高15厘米左右，茎粗直径6～7毫米，可见雌花瓜纽、根系白色，须根较密，没有病虫害。培育这样的适龄壮苗在气温、地温都适宜条件下育苗期35～40天，根据育苗期的长短和定植时间即可推算出适宜的播种期。

基质准备。一般选择50孔或72孔穴盘。育苗基质材料的配制比例为草炭：蛭石＝3：1。基质消毒可按每立方米基质加入200克百菌清粉剂，或800倍甲基硫菌灵溶液45～60升的方法进行。另外，每立方米基质中还需加入15－15－15氮磷钾复合肥1～1.2千克。

播种摧芽。黄瓜育苗可采用干籽播种，种子发芽率要求达到

95%以上，每穴播种1粒种子，播种深度1.0～1.5厘米，芽尖朝下，覆盖基质或蛭石。种子播种后放入催芽室，环境温度控制在25～30℃，当种子开始萌发出土时，温度控制在23～25℃，以免发生徒长。环境湿度也是先高后低，一般控制在80%～90%；当种子萌发率达到60%～70%时，迅速将育苗穴盘移入育苗温室中进行秧苗培育。

育苗管理。黄瓜育苗期间温度偏高，生长加快，节间伸长；温度偏低，生长减缓，节间较短。黄瓜幼苗根系损伤后恢复较慢，所以不适宜补苗移栽，因此播种催芽的质量非常重要。如果需要补苗一定要在1叶1心时抓紧完成。在早春育苗时，育苗温室的环境温度要控制在白天22～25℃、夜间10～15℃，根际温度控制在16～18℃。幼苗的子叶展开至2叶1心时，容易发生徒长，室内温度要控制低些（白天20～22℃，夜间10～12℃）。2叶1心至成苗的温度保持在上午25～28℃、下午20～25℃、前半夜15～17℃、后半夜9～12℃。成苗前3～5天内，夜间气温可降至5℃左右，后半夜还可给予1～2℃短期低温，以适应定植后的温度环境。基质中有效水含量一般为最大持水量的75%～90%。2叶1心以前的水分含量，根据生长情况可降低至70%。成苗前10天左右可追施营养液。营养液为磷酸二氢钾1 500倍和硝酸钙2 000倍溶液，每100盘穴盘用15升。黄瓜的花芽分化受外界条件影响很大。在较低的温度下，有利于雌花分化，特别是在白天适宜温度条件下光照充足光合产物较多时，降低夜间温度到10～15℃，对促进雌花分化最为有效。蚜虫、霜霉病是黄瓜幼苗的主要病虫害，应及时防治。

1.3 黄瓜嫁接育苗的技术要点

砧木选择。选择亲和力好、抗逆性强，且不改变黄瓜品质的优良品种作砧木，一般选用黑籽南瓜。黑籽南瓜在低温条件下亲和力较高，多用于冬、春季黄瓜嫁接砧木；白籽南瓜在高温条件下亲和力较高，多用于夏、秋黄瓜嫁接砧木。黑籽南瓜种子休眠120天左右，因此当年生产的种子发芽率较低，萌发也不整齐，最好选用第二年发芽率在80%以上的种子。初次进行黄瓜嫁接时，应选用当地嫁接成功的砧木进行嫁接或先进行小批量亲和力试验，以防砧木选择不当，而影响秧苗质量。

催芽播种。黄瓜嫁接有靠接、插接、劈接等方法。由于采用的嫁接方法不同，要求的适宜苗龄也不同，所以要根据嫁接方法，确定黄瓜和南瓜的播种时间。黄瓜出苗后生长速度慢，黑籽南瓜苗生长速度快，要使两种苗在同一时间适宜嫁接，就要合理错开播种期。如果采用靠接法，一般是黄瓜播种5～7天后再播种南瓜，在黄瓜播种10～12天后进行嫁接；嫁接时幼苗适宜形态为黄瓜的第一片真叶开始展开，南瓜子叶完全展开。如果采用插接法，一般是南瓜提前2～3天或同期播种，黄瓜播种7～8天后进行嫁接；嫁接时的幼苗适宜形态为黄瓜子叶展平，南瓜苗第一片真叶叶长1厘米左右。黄瓜种子播种穴盘规格为128穴、南瓜种子播种于50孔或128孔穴盘。

嫁接技术。靠接法的嫁接工具为刮脸刀片，使用时纵向分成两片，每片可嫁接200株左右。插接法的嫁接工具为刮脸刀片和竹签，竹签制成略粗于黄瓜幼苗的茎粗、长5～10厘米为宜，一端削成刀刃状，另一端削尖，并用细砂纸磨光。嫁接处的缠绑工具可采用嫁接夹或塑料胶带等。嫁接的基本要求是：嫁接前要给苗盘浇水，以利于起苗和防止幼苗萎蔫；起苗后用清水洗掉根系上的基质杂物；嫁接工具要用酒精或高锰酸钾溶液进行消毒。

(1) 靠接法。取出幼苗，用刀片去掉南瓜幼苗的生长点及两腋芽，在子叶下0.5～1.0厘米处，使刀片与茎秆呈30°～40°角斜下方切削至茎粗的1/2处，最多不超过2/3，切口长度为0.5～0.7厘米。切口深度要严格把握，切口太深易折断，切口太浅会降低成活率。在黄瓜幼苗的子叶下1～2厘米处，自下而上成30°角向上斜切削至茎粗的1/2处，切口长度与砧木切口长度相等。嫁接时一手拿砧木，一手拿接穗，由上而下使二者对插吻合，使黄瓜子叶位于南瓜子叶上方成十字形，然后用嫁接夹夹住接口处或用塑料条带缠好固定，立即移栽到 50 孔的穴盘中。同时把 2 个幼苗的根茎分开 1～2 厘米，以利于以后的断根操作。栽苗水用多菌灵等药剂消毒。覆盖基质时不要埋住嫁接夹，及时遮阴。经 10 天左右接穗成活后将黄瓜幼苗的根茎切断。

(2) 插接法。拇指和食指捏住南瓜幼苗的胚轴，用刀片或竹签刃去掉生长点及两腋芽。然后用竹签在幼苗顶端紧贴一片子叶基部的内侧，与茎成 30°～45°角的方向，向另一片子叶的正面斜插，插入深度 5 毫米左右，以竹签穿破砧木表皮而未破为宜，暂时不拔出竹签，在黄瓜幼苗子叶着生一侧下 1 厘米处切约 30°角斜面，但不截断，旋转幼苗，再从背面斜削一刀，切口长 0.5～0.7 毫米，将黄瓜幼苗的下胚轴削成楔形，随即拔出砧木上的竹签，把接穗插入南瓜斜插接孔中，使砧木与接穗两切口吻合。黄瓜子叶与南瓜子叶成十字形，用嫁接夹夹住或用塑料带缠好。

(3) 直插法。竹签刃去掉南瓜幼苗的生长点及两腋芽，在生长点中心处用略比黄瓜茎粗一点的竹签垂直插入 0.5 厘米左右，暂时不拔出，在黄瓜幼苗的生长点下 1.0～1.5 厘米处切 30°角斜面，拔出砧木上的竹签，插入南瓜幼苗的插接孔中，砧木与接穗的子叶交错成十字形。

嫁接后管理。保湿是嫁接成败的关键措施，嫁接苗移栽后要立即喷水，使温室内空气湿度达到饱和，3～4 天后可适当通风，降低湿度到 80%左右，初始通风量要小，以后逐渐加大，一般 9～10 天后进行大通风。如果发现幼苗萎蔫，应及时遮阴喷水，停止通风。嫁接后 3 天内是愈伤组织及交错结合期，温室内温度应保持在 25～30℃、不超过 30℃，夜间 18～20℃、不得低于 15℃。嫁接后 4～5 天，白天温度控制在 23～28℃、夜温 15～18℃，以后环境温度可酌情降低。定植前 7 天，可降低温度到 15～20℃。嫁接后 3 天内，中午温度过高、光照过强时，必须用遮阳网或草帘遮阴，防止接穗失水而萎蔫，早晚可去掉遮阴物，使嫁接苗见光，并注意检查，对于切口不吻合的要重新对好补接，一般 7 天后就可不覆盖。对嫁接的黄瓜幼苗，在嫁接后10～12 天、嫁接成活后用刀片在黄瓜幼苗嫁接处的下方切断幼茎，并拔出黄瓜幼苗的根茎。

1.4 成苗标准

黄瓜秧苗标准为子叶不脱落、健壮而肥大，真叶肥厚；茎秆粗壮，根系发达，无病虫害；普通苗的苗龄为 25～30 天，具有 3～4 片真叶；嫁接苗的苗龄为 35～40 天，具有 3～4 片真叶。

2 西瓜

2.1 西瓜育苗对环境条件的要求

西瓜喜高温干燥气候，极不耐寒。种子适宜的萌发温度为 25～30℃，最低发芽温度为 15℃，生长适宜温度为 18～32℃。气温小于 15℃时生长缓慢，10℃时生长停滞，小于 5℃时会受到冻害。苗期的气温以白天 25～30℃、夜间 16～18℃为宜。幼苗根系生长发育的最佳温度为 18～25℃，最低温度为 10℃。西瓜幼苗的生长发育喜充足的光照条件，最低需要 4 000 勒克斯以上光照度。适宜在疏松、透气性好、pH 5.0～6.8 的基质中生长。

2.2 西瓜穴盘育苗技术要点

基质准备。西瓜穴盘育苗可选用 50 孔穴盘。西瓜幼苗的培育要求基质具有保水性好、保肥力强、透气性好、不易分解等特点。基质溶液的 EC 值 0.55～0.75 毫西/厘米，pH 5.5～5.8。基质不能太干或太湿，应以手捏不出水、掉在地上即散开为宜。基质材料的配制比例为草炭∶蛭石＝2∶1。每立方米基质混入 100 克多菌灵或 200 克百菌清药剂消毒。每立方米基质加入 15-15-15 氮磷钾三元复合肥 2.0～2.5 千克，或加入 0.5 千克尿素、

0.5 千克磷酸二氢钾和 0.5 千克西瓜专用复合肥，也可以加入 1.5 千克磷酸二铵。

催芽播种。播种前应进行种子消毒处理和催芽。用 40%甲醛溶液 100 倍液浸种 30～60 分钟，或用 500～600 倍的 50%多菌灵溶液浸种 60 分钟。消毒后的种子用清水冲洗干净后浸泡于清水中浸种。浸种可用 55～60℃的温水，浸种过程中要不断搅拌，而后在 25～30℃水温条件下浸种 6～8 小时后用清水冲洗 2～3 遍，用湿布包好，放在 28～30℃和空气相对湿度 90%的条件下进行催芽，24～36 小时后当胚根伸出 3 毫米以上时开始播种，播种深度以 1.0～1.5 厘米为宜，播种后覆盖蛭石，浇透底水，移入育苗温室。

育苗管理。种子出苗前的温度管理是白天 25～28℃、夜间 18～20℃为宜，当有 70%的种子出土时，开始降低温度，白天控制在 20～25℃、夜间 15～20℃，防止温度过高引起幼苗徒长。如果温度偏低会出现子叶下垂或猝倒等不良现象。2 叶 1 心后结合浇水可进行 1～2 次追肥。病害主要是猝倒病、疫病、炭疽病。猝倒病防治可选用霜霉威等药剂，疫病防治可选用四霜铜、甲霜·锰锌等药剂，炭疽病防治可选用百菌清、福·福锌等药剂。

2.3 西瓜嫁接的技术要点

砧木选择。根据西瓜的品种选择合适的砧木。砧木可优先选用瓠瓜，其次选用南瓜、冬瓜等。瓠瓜作砧木亲和力强，成活率高，抗枯萎病，对根部的根瘤、线虫有一定抗性，且嫁接苗雌花出现早、早熟性，对西瓜品质无不良影响，但低温适应性较南瓜差，有时易发生炭疽病；南瓜作砧木，抗枯萎病最强，但亲和力因南瓜种类和品种不同而差异较大，且不同西瓜品种对同一南瓜砧木反应也不一样；另外，南瓜嫁接西瓜往往使果实产生异味和黄色粗纤维，目前生产较多使用的南瓜砧木品种为新土佐；冬瓜作为西瓜砧木可以抗急性凋萎症，坐果好，果实整齐，品质好，其嫁接亲和力仅次于瓠瓜，但嫁接苗在低温时生长速度较慢，不宜早熟栽培，且果实较小、产量低。

播种催芽。西瓜嫁接育苗的播种期宜较常规育苗提早5～7天，为使砧木与接穗最适嫁接苗龄相遇，必须根据不同嫁接方法，以西瓜接穗播种期为准，适当提早或延迟砧木苗播种期。若采用插接法、劈接法，砧木苗应大些，则瓠瓜播种应比西瓜提早10天左右；若采用靠接法，接穗苗与砧木苗大小相近，则西瓜播种应比瓠瓜提早5～7天。砧木瓠瓜播种前浸种24小时，再将种子轻轻嗑开，并用湿布将种子包好，放在30～35℃条件下催芽36～48小时，待种子芽长0.2～0.3厘米时播种。播种深度为2厘米左右，播种时种子放平，芽尖朝下，覆盖蛭石，浇透水，移入育苗温室进行幼苗培育，一般砧木选择50孔、接穗选择128孔穴盘。

嫁接技术。西瓜嫁接方法有很多，主要有靠接、劈接、插接等方法，目前采用劈接法和插接法的较多。

（1）劈接法。将刀片放入高锰酸钾溶液中消毒，把去心的砧木幼苗用刀片劈开一道口子，然后再把接穗两面削尖、尖端扁平，并插入砧木劈口内，使接穗与砧木吻合，最后用嫁接夹固定。每嫁接完一盘后用1 000倍霜霉威药剂喷雾一遍，保持嫁接后西瓜幼苗的叶面湿润。

（2）插接法。接穗西瓜以2片子叶的合掌期至子叶展开为度，砧木苗以第一片真叶长1～3厘米时为最佳时期。嫁接时要去掉砧木的真叶和生长点，用竹签从心叶处斜插5毫米深，并使瓠瓜下胚轴表皮划出轻微裂口，然后将削成楔形的接穗插入，插紧并加以固定。嫁接后接穗叶片与砧木叶片要呈90°角。待整盘幼苗嫁接完成后1 000倍霜霉威药液喷雾到叶面有水滴流下为止，并移入育苗温室进行幼苗培育。

嫁接后的管理。育苗温室保温保湿。温度以白天26～28℃、夜间20～22℃为宜，湿度应大于95%，遮光。3～4天后在早晚空气湿度较高时，开始少量通风，7天后伤口愈合，逐渐加大通风量，温度管理恢复正常。其后的温度管理随着嫁接苗长大，夜温逐渐降低。当幼苗长至2叶1心时，夜温应保持在15～16℃，以利于雌花的分化。苗期水分管理应使育苗基质含水量保持在最大持水量的75％～80％，如基质水分过少，会促进雄花形成，造成花打顶。2叶1心后可视苗情结合浇水进行1次追肥，营养液为三元复合肥或硝酸钙。在苗期原则上控温不控水。定植前7天进行低温锻炼，以白天22～24℃、夜间13～15℃为宜。

2.4 西瓜断根嫁接的育苗技术要点

断根嫁接法是去掉砧木原根，在嫁接愈合的同时诱导砧木再生新根。采用断根嫁接法所生产的种苗粗壮，生长整齐一致，而且定植后根系发达。

催芽播种。通常采用葫芦作为砧木，砧木比接穗提前2天播种。砧木播种前用55～60℃的湿水浸种消毒，浸种时要不断搅拌直至水温降低到30℃，浸泡16小时以上，然后清洗2～3次，播种在装有基质的128孔穴盘中，播种深度1.5厘米左右，充分浇水后放在28～30℃的催芽室中催芽，待出土时移到育苗温室。

嫁接工具。嫁接工具为竹签，竹签下端削成舌形，其粗度和接穗基本相等，前端一面渐尖，其他工具包括刀片、托盘、喷雾器、水桶等。在一个小托盘内装上高锰酸钾溶液，用于浸泡嫁接工具，水桶内配制2 000倍霜霉威液，喷雾器内配制1 000倍霜霉威液。砧木和接穗在嫁接前要放入托盘内轻蘸霜霉威溶液。

嫁接方法。嫁接的适宜时期为砧木1叶1心和西瓜子叶展平。砧木在嫁接前1天抹芽，嫁接要浇透水。西瓜苗嫁接时要喷水，嫁接时将砧木从子叶下5厘米处横向切断，西瓜苗可靠底部随意割下。用竹签从砧木上部垂直子叶方向斜向下插入并取出竹签，深度为0.5毫米左右，以不露表皮为宜。西瓜苗在子叶下0.5厘米处顺着茎秆方向正反两面各斜切一刀，迅速插入砧木并加以固定，嫁接后插于浇透底水的50孔穴盘中，深度3厘米左右。

嫁接后管理。嫁接后3天内对温度要求较高，白天宜控制在26～28℃，夜间控制在22～24℃；以后几天根据伤口愈合情况把温度适当降低2～3℃。8～10℃后进行正常温度管理。嫁接后前2天对环境湿度要求达到95%以上，低温时要喷雾增湿，注意叶面不可积水。3天后随着通风时间加长，湿度逐渐降低至85%。7天后根据愈合情况降低湿度到正常的水平。嫁接后2～3天要遮阳，8～10天可完全去除遮阳网。嫁接后第三天开始通风，先是早晚少量通风，以后逐渐加大通风量和加长通风时间。8～10天后进入苗期正常管理。嫁接苗成活后要适当控水，以促进根系发育。嫁接后病害主要有猝倒病、疫病、炭疽病、白粉病、叶斑病等，可用甲基硫菌灵、代森锰锌、百菌清或农用链霉素等药剂进行防治。

2.5 成苗标准

西瓜穴盘育苗的成苗标准：子叶完整，叶色深绿，具有3～4片真叶，叶面积达到20～30厘米^2，株高15厘米左右，茎秆粗壮，节间短，无病虫害。未嫁接的苗龄25～30天，嫁接苗的苗龄30～35天。

第二节 茄果类蔬菜工厂化育苗技术

1 番茄

1.1 番茄育苗对环境条件的要求

番茄喜温但不耐热。种子萌发的适宜温度为15～30℃，最低温度为10～12℃，随着温度升高，萌发速度逐渐加快。在25～30℃的适温范围内，2～3天种子开始萌发。番茄幼苗根系生长适宜温度为20～22℃，最低温度为7～8℃，当温度小于10℃时根毛停止生长。幼苗生长发育的适宜温度，白天为20～25℃，夜间为10～15℃；幼苗在小于8℃的低温条件下生长势明显降低，小于5℃时茎叶停止生长，在－1℃时会被冻死。幼苗期间长期处于低温条件下不利花芽形成，容易产生畸形果。

番茄对光照条件比较敏感，喜充足的光照。幼苗期需要光照度2 000勒克斯以上，光饱和点70 000勒克斯，光照不足易引起徒长，当光照条件小于补偿点时，番茄幼苗的呼吸作用会增大，使消耗大于积累，致使下部叶片开始脱落。一般情况下，光照越强幼苗生长越旺盛。在强光条件下，叶片数量增加、叶面积增大、茎叶重/株高的比率增大，幼苗表现健壮。以16小时的光照时间幼苗生长量最大，光照时间小于4小时则幼苗停止生长。番茄幼苗生长需要完全的太阳光照，如果缺少紫外线的照射，容易引起幼苗徒长。

番茄属于半耐旱性蔬菜，但蒸腾系数较高，因此需要较多水分。因其根系发达、吸水能力较强，所以基质中有效水含量为最大持水量的60%～70%，空气相对湿度以60%～70%为宜。当基质中水分含量适宜时，空气湿度对幼苗的生长影响不大。番茄幼苗对干旱具有一定的适应性，所以育苗期间可采取适当的控水措施来控制徒长。

番茄育苗适宜肥沃疏松、透气性好的基质，基质溶液pH5.5～6.8。基质中适宜的氮含量为240毫克/千克，氮含量小于30毫克/千克时幼苗生长发育明显减弱。光照不足时增施氮肥，会使幼苗营养生长过旺造成徒长。磷含量在120～160毫克/千克时幼苗生长发育旺盛，磷含量小于20毫克/千克时生长发育受阻，下部叶片开始脱落，茎叶呈现紫色。钾的含量在100～120毫克/千克时幼苗生长旺盛。一般情况下，番茄育苗的矿质营养最少为速效氮120～160毫克/千克、有效磷60～180毫克/千克、有效钾60～100毫克/千克。

1.2　番茄穴盘育苗的技术要点

基质准备。基质材料的配制比例为草炭：蛭石＝2：1，覆盖可用基质，也可以使用蛭石。每立方米基质中加入 15－15－15 的氮磷钾复合肥 2.5 千克，或加入腐熟鸡粪 3 千克和 0.75 千克优质复合肥。基质与肥料充分混和后过筛装盘待用。番茄育苗一般选用 72 孔穴盘。

播种催芽。选择种子发芽率大于 90％以上的饱满种子，如采用机械播种，则种子须经过丸粒化处理。播种深度为 1 厘米左右，每穴播种 1 粒，播种完成后立即覆盖和浇水，覆盖用基质或蛭石均可，浇水一定要浇足，穴盘底部必须有水流出。播种完成后，将穴盘移入催芽室进行催芽处理，催芽室温度白天控制在 26～28℃，夜间 20℃，空气湿度 90％以上，催芽 2～3 天后，当有 60％左右的种子萌发出土时，将穴盘移到育苗温室。

育苗管理。番茄幼苗在水肥充足条件下生长速度较快。子叶展开至 2 叶 1 心期，基质水分控制在最大持水量的 70％左右，3 叶 1 心以后基质水分应逐渐减少至 65％左右；2 叶 1 心以前温度管理以控制在白天 25℃、夜间 16～18℃为宜，当幼苗长至 2 叶 1 心以后夜温可降至 13℃，此时白天应加大通风，降低空气湿度，3 叶 1 心以后，每 7～10 天进行 2～3 次营养液追肥。补苗要在 1～2 片真叶前抓紧完成。番茄苗期主要病虫害有猝倒病、立枯病、早疫病、病毒病、蚜虫和白粉虱等。

1.3　番茄嫁接育苗生产技术要点

番茄嫁接苗是近年来日本等农业技术发达国家成功用于番茄生产的一项技术。通过这一技术，可以将对于环境适应性较差的优质栽培品种嫁接在对不良环境适应性极强的野生番茄上，利用野生番茄在适应性方面的优势，使栽培品种长势更强，同时有效地克服了多种番茄病害，生产出的嫁接种苗抗褐色根腐病、萎蔫病、根结线虫病和TMV病毒病。因此，较成功地解决了番茄连作障碍问题，从而大大缓解了土地缺乏、难以轮作生产的问题。另外，野生番茄与栽培番茄亲和力好，熟练工的嫁接成活率可达98%左右，容易实现工厂化操作，目前日本约90%的番茄生产使用嫁接苗。

砧木选择。目前国内外报道的砧木品种较多，归纳起来主要有两大类，一是从国外直接引进，二是从野生番茄中筛选出来，主要品种有LS-89、耐病新交1号、影武者、斯库拉姆2号等，不同砧木有不同的品种特性，用何种砧木需根据栽培者要解决哪一方面的问题来选择。

基质配制。一般选择进口草炭，如美国的阳光、加拿大的发发得、德国的克拉斯曼表现较好，这些基质透气性好，持水能力强，而且加入了启动肥料，不仅出苗率高，而且种苗叶片、根系生长状况明显优于国产基质。基质配制比例为草炭∶蛭石∶珍珠岩体积比为3∶1∶1，同时，每立方米基质中可加入100克多菌灵或200克百菌清进行消毒，并用氮磷钾含量20-10-120的复合肥将EC值调节至0.75毫西/厘米左右。

砧木接穗的播种。番茄嫁接苗的育苗天数一般夏季为25天左右，冬季45天左右。砧木、接穗具体播种时间应根据嫁接方法来确定。番茄嫁接方法很多，这里主要介绍斜切接法。斜切接要求砧木与接穗的茎粗细一致。一般砧木各方面的抗性比较强，生长旺盛，所以接穗应提前2天播种，包衣种子可以不进行处理，未包衣的种子应采用温汤浸种后播种。砧木和接穗均直接播于128孔穴盘内，放入28℃左右黑暗的催芽室中催芽。

砧木与接穗培育。接穗出苗后管理与番茄穴盘育苗类似，砧木种子出土后要充分见光，防止其徒长，促使其茎秆粗壮；子叶展开后喷800倍甲基托布津进行苗期病害预防，育苗期间温度管理标准为白天25～28℃，夜间15～18℃。待接穗长到2.0～2.5片真叶，子叶与真叶之间茎长大于1厘米时即可进行嫁接，嫁接前喷一遍广谱性杀菌剂以预防嫁接时感染病害。

嫁接方法。嫁接选用专门的嫁接套管，番茄的套管要求内径2.0毫米，管长15毫米，壁厚1.2毫米，材料为有一定弹性的透明塑料，一般多是从日本进口。嫁接应在不透风的环境中进行，嫁接前操作台、嫁接刀、人手等都要消毒。嫁接时砧木在子叶上方0.3厘米处，嫁接刀与砧木成30°角与砧木相反方向切下接穗，插入套管，使两者充分贴合。

嫁接后的管理。嫁接后的番茄放在黑暗高湿的环境中，温度在24℃左右，湿度99%以上，在此高湿的环境中最好用烟熏灵熏一次，以防病害发生，2天后移入遮光温室，遮光率在70%左右，白天25℃，夜间不低于18℃，湿度在95%左右，光照4 000～5 000勒克斯，4～6天后伤口即愈合；伤口愈合后逐渐移入正常育苗温室内，按常规管理即可。通过水肥和温度控制炼苗3～4天，即可交付使用。

1.4　成苗标准

番茄穴盘苗的标准是株高13～15厘米，茎粗3～4毫米，具有5～6片真叶，叶色深绿，叶面积40～50厘米^2，根系与基质紧紧缠绕，苗龄35～40天。

2　茄子

2.1　茄子育苗对环境条件的要求

温度条件。茄子种子萌发的最佳温度为25～30℃，最低温度为12℃，最高温度为40℃。当白天30℃、夜间20℃的变温条件下，种子萌发的效果最好。幼苗生长发育的适宜温度范围为12～30℃，最适温度为22～28℃，如果温度小于12℃时幼苗生长停滞，长期处于7～8℃条件下幼苗会受到冷害；适合根系生长发育的根际温度为12～25℃，最佳根际温度为19～22℃。茄子幼苗对温度的适应范围相对较大，温度条件对茄子幼苗生长发育的影响相对较小。

光照条件。茄子为喜光作物，对光照度要求较强，对光照时间要求也较长，茄子幼苗生长发育的光照饱和点约为 40 000 勒克斯，光照补偿点为 2 000 勒克斯。所以，在育苗过程中加强光照可以防止幼苗徒长。

水分和养分条件。茄子喜湿润环境，较耐干旱。幼苗生长发育要求根际环境具有较多的水分条件，通常是基质中有效水含量为最大持水量的 70%～75%比较适宜。基质中养分含量为速效氮 200 毫克/千克、有效磷 160 毫克/千克、有效钾 120 毫克/千克。基质溶液 pH 6.2～6.8 较为适宜。

2.2 茄子穴盘育苗技术要点

基质准备。茄子幼苗较耐肥，喜肥沃疏松、透气性好的弱酸性基质。基质材料的配制比例为草炭∶蛭石＝2∶1 或 3∶1。配制基质时每立方米基质中加入 15－15－15 氮磷钾三元复合肥 3.2～3.5 千克，基质与肥料混合搅拌均匀后过筛装盘。育苗穴盘通常选用 50 孔或 72 孔规格，以 50 孔穴盘育苗较为适宜，可以有效避免常见病害发生，有利于培育壮苗。

播种催芽。茄子穴盘育苗通常采用干籽播种。播种方式有机播和人工播种两种。播种前检测种子的发芽率，选择发芽率大于 90%以上的优良种子。为了提高种子的萌发速度，可对种子进行活化处理，即将种子浸泡在 500 毫克/千克赤霉素溶液中 24 小时，风干后播种。播种深度为 1 厘米左右，播种后覆盖蛭石或基质，浇透水并看见水滴从穴盘底部流出即可。然后将播种穴盘移入催芽室。催芽温度为白天 25～30℃，夜间 20～25℃，环境湿度要大于 90%。催芽开始 4～5 天后当 60%左右种子萌发出土时，迅速将催芽穴盘从催芽室移到育苗温室开始进行幼苗培育。

育苗管理。幼苗培育的温度管理白天 20～26℃，夜间 15～18℃。在幼苗出现 2～3 片真叶以前如果温室内夜间温度偏低，可以采取加温或临时加温措施，以免幼苗生长发育受到影响，减少猝倒病和根腐病发生；当幼苗出现2叶1心以后，夜间温度可降至15℃左右；在3叶1心至成苗期间，白天温度控制在20～26℃，夜间控制在12～15℃。如果夜间温度小于10℃，则幼苗生长发育会受到阻碍，尤其是根际温度小于15℃，则幼苗根系会发育不良。在催芽穴盘进入育苗温室至2片真叶出现以前，适当控制水分，根据出苗情况基质中有效水含量控制在60%～70%；在幼苗的子叶展开至2叶1心期间，基质中有效水含量65%～70%。白天酌情通风，降低空气湿度使之保持在70%～80%。结合浇水进行1～2次营养液施肥，可用2 000倍氮磷钾三元复合肥溶液追施。补苗要在1叶1心时抓紧完成。茄子苗期主要病虫害为猝倒病和蚜虫，要及时防治。

2.3　成苗标准

茄子穴盘育苗的成苗标准：株高14～16厘米，茎粗3.5～4.0毫米，叶面积60～80厘米^2，具有5～6片真叶，叶大而厚，40～45天苗龄，无病虫害，根系发达，全株干重0.8克左右。

3　辣（甜）椒

3.1　辣（甜）椒育苗对环境条件的要求

温度条件。辣（甜）椒为喜温蔬菜，在茄果类蔬菜中对温度的要求最高，因此控制较高的温度条件是培育壮苗的关键技术之一。辣（甜）椒种子萌发的适宜温度为25～30℃，在该温度下4～5天就可发芽，小于15℃时发芽困难。在25℃条件下干籽直播出苗比较快。幼苗生长需要较高的温度，适宜温度范围为20～28℃，白天的最佳温度范围在25～27℃，夜间18～20℃。育苗期日平均温度达到19～21℃时幼苗生长最快，育苗天数显著缩短。气温偏低幼苗的生长会显著延迟。基质温度在15℃以上，根系发育较好。基质温度的适宜范围17～24℃，超过这个温度幼苗容易徒长。其中21～23℃为幼苗根系生长的最佳温度。辣椒对温度的要求比甜椒略低一些，因此辣椒育苗相对容易。

光照条件。幼苗生长期间需要良好的光照条件，辣（甜）椒光饱和点为30 000勒克斯，光补偿点1 500勒克斯，具有一定的耐弱光能力，一般温室的光照条件可以满足辣（甜）椒幼苗生长对光照的需要。所以一般情况下，光照条件对辣（甜）椒幼苗生长的影响小于温度条件对辣（甜）椒幼苗生长的影响。辣（甜）椒幼苗形态的开展度较小，如果营养面积过大，基质容易干化，而不利于幼苗生长。

水分条件。辣（甜）椒幼苗根系对水分条件的要求比较严格，吸收水分和肥料的能力比番茄、茄子差，因此首先要保证适宜的地温、适量的水分以及保水性强的基质。催芽时底水要适量，控制适宜湿度，否则不易出苗或出苗率降低。由于辣（甜）椒育苗天数较多，基质中有效水含量过少，幼苗容易老化，或是叶柄部位发生弯曲、叶片下垂，开始萎蔫，根系发育也不好，植株生长量显著减少。但是，如果基质中水分长期过多，幼苗下部叶片会很快黄化脱落。所以辣（甜）椒育苗需要疏松且透气性好、保水性强、偏酸性的基质，基质湿度要保持在70%～80%，基质pH6.0～6.8。

营养条件。辣（甜）椒幼苗的耐肥性相对较强，苗期肥水充足时，幼苗生长旺盛，花芽分化也相对提早。基质中速效氮含量80～100毫克/千克，有效磷含量60～80毫克/千克，有效钾含量70～90毫克/千克。

3.2 辣（甜）椒穴盘育苗技术要点

基质准备。辣（甜）椒穴盘育苗需要选用128孔穴盘。基质材料的配制比例为草炭∶蛭石＝2∶1。配制时每立方米基质中加入15-15-15氮磷钾三元复合肥2.5～2.5千克，或硫酸铵1.0～

1.5 千克、硫酸钾 2.0～2.5 千克。基质与肥料充分混合搅拌后过筛装盘待用。

播种摧芽。播种之前要检测种子发芽率，发芽率要大于80%以上。辣（甜）椒种子发芽特性与番茄和茄子不同，需要浸泡 12 小时后开始快速吸水，48 小时后又一个吸水高峰，并开始显露胚根，播种 6～7 天后子叶出土。因此，为了保证较高的出苗率，要有高质量的种子和高水平的播种技术。播种方式采用精量播种，每穴 1 粒。由于辣（甜）椒种子发芽率较低，需要适当增加安全系数，通常安全系数要大于 20%。采用机械播种时通常是使用丸粒化种子，如果是人工播种可采取干籽直播，但要注意劳动力的计划和准备。播种深度为 0.5～1.0 厘米，播种后覆盖蛭石或基质，并浇水后移至催芽室催芽。催芽温度范围 25～30℃，最佳温度 28℃，空气相对湿度大于 90%，基质中有效水含量为最大持水量的 90%～95%；也可采取 20℃8 小时、30℃16 小时的变温催芽技术。当出苗率超过 70%时，则需要将苗盘迅速移至育苗温室。适当降低育苗温室的温度，白天气温控制在23～24℃，夜间 12～15℃。

苗期管理。辣（甜）椒穴盘育苗需要在 1～2 片真叶展开时，抓紧时间进行补苗。水分供应要及时，每次浇水要浇透浇匀，但不可太勤，一般是 3～5 天浇水 1 次，10 天左右追施营养液 1 次。基质中水分含量要控制在 70%～80%。环境温度控制在白天 23～27℃，夜间 13～18℃。育苗时要经常通风，以增强幼苗的抗逆性、降低环境湿度、促进蒸腾作用和养分、水分的吸收，使幼苗生长健壮。通风过程应逐渐加强，以免伤苗。育苗期间应经常检查，及时防治病虫害。辣（甜）椒苗期主要病虫有猝倒病、灰霉病和蚜虫。猝倒病、蚜虫的防治可参照番茄育苗；喷施硫菌灵、代森锌、多菌灵、异菌脲和腐霉利等药剂防治灰霉病。

3.3 成苗标准

辣（甜）椒穴盘育苗的成苗标准：株高15厘米左右，茎粗2.5～3.0毫米，具有5～6片真叶，真叶面积达到30～40厘米^2；苗龄45～55天；子叶完好，叶片大而肥厚；根系发达并能紧密缠绕基质；全株干重0.4克以上。

第三节　甘蓝类蔬菜工厂化育苗技术

1　西兰花

1.1　西兰花育苗对环境条件的要求

西兰花性喜冷凉，属半耐寒性蔬菜，生长发育适温比较窄，栽培季节对品种选择比较严格。种子发芽最低温度2～3℃，但发芽极慢，25℃时发芽最快，但幼苗细弱，因此一般在育苗过程中温度控制在18～22℃。幼苗生长适温13～19℃，遇到－2℃左右的低温叶片即受冻。

西兰花属于低温长日照作物，但其营养生长转向生殖生长主要取决于温度条件，日照长短不如低温影响明显。幼苗生长喜充足光照，光照不足易导致幼苗徒长。

西兰花性喜湿润，耐旱、涝能力较弱，对基质水分要求较严格。要求基质疏松肥沃、保水、渗水性能良好，幼苗生长需要充足的氮素营养。

1.2　西兰花穴盘育苗技术要点

基质准备。基质材料配制比例为草炭∶蛭石∶珍珠岩＝3∶1∶1，每立方米基质中可加入2.5千克15-15-15氮磷钾三元复合肥，还可加入50克硼砂或西兰花专用配方肥。每立方米基质用200克多菌灵消毒，配制好的基质应均匀一致，湿度适宜，持水量保持在65%左右。西兰花育苗穴盘可按秧苗大小确定，育2

叶1心苗选用288孔、3叶1心苗选用200孔、4～5叶苗选用128孔、5～6叶苗选用72孔穴盘。

播种。播种基质湿度要适宜，基质装盘时过松则浇水后下陷，过紧则影响幼苗生长，播种深度1厘米左右，播种完成后覆盖基质或蛭石，并浇足水，以水从穴盘底部流出为宜。

育苗管理。西兰花苗容易徒长，因此在苗期管理上应加强水分、温度和光照的管理。浇水要适宜，在真叶未发出之前适度控水，真叶发出后不干不浇、干了才浇；浇而不透，早浇晚不浇。温度管理上，在条件允许时应加大昼夜温差，早春与晚秋如果夜温不低10℃，不必采用加温设施，白天可将温度控制在27℃以下，晴天温度可以适当高些，阴天注意要降低育苗区的温度。西兰花喜光，如中午光照不是过强，可以不采用任何遮阴措施。西兰花苗期病虫害主要有猝倒病、霜霉病、黑斑病、蚜虫、菜青虫等，可选用合适农药及时防治。

1.3　成苗标准

植株生长健壮，叶色翠绿、子叶保持绿色，无病斑，无虫害。在发苗前2天混合施用一次克露和氯氰菊酯，以防大田缓苗期病虫害。

2　甘蓝

甘蓝为喜温和气候，属耐寒蔬菜，种子发芽出土的低温为8℃，发芽适温18～20℃。刚出土的幼苗抗寒能力较弱，长至2～3片真叶后耐寒能力增强，能忍受较长时间0℃以下的低温。经过低温锻炼的幼苗，可以忍受短期－10℃的低温。幼苗生长的适宜温度为15～20℃，超过25℃短缩茎易伸长，特别是夜温过高会引起徒长。

甘蓝根系分布较浅，且叶片较大，幼苗要求基质比较湿润，在80％～90％水分含量的基质中生长良好。甘蓝属于长日照作物，对光照强度适应范围宽。甘蓝对基质的适应性较强，幼苗适于在微酸至中性基质中生长。甘蓝喜肥、耐肥，对基质营养元素的吸收比一般蔬菜作物要多，幼苗期需要氮素较多，至莲座期对氮素的需要量达到高峰。

第八章

蔬菜工厂化育苗的企业化管理

蔬菜工厂化育苗企业作为农业企业，产品主体是具有生命机能的幼苗，生产过程对自然条件的依赖性强，销售市场是分散的个体种植农户，加之蔬菜育苗种类较多，因此相对来说，蔬菜工厂化育苗企业具有自然风险大、经济效益不确定、经营决策和市场竞争比较复杂等显著特点，建立高效的管理模式，提高科学管理水平，对企业持续、安全、高效运营尤为重要。

第一节 蔬菜工厂化育苗企业的规划

蔬菜工厂化育苗企业的建设，应根据本地区蔬菜产业发展规划、资源状况、市场需求和投资能力、建场条件、技术水平等因素，确定适宜的建设规模。科学规划设计，明确基本建设条件，确定投资规模水平，优化结构配置和功能布局，降低无谓损耗和经营风险，对种苗企业的高效运作和未来发展至关重要。

1 规划设计的原则

蔬菜种类繁多，种苗的需求量也十分巨大，且多数情况下需要时间比较集中，因此规划设施时既要照顾到当前利益，又需兼顾长远发展，不能贪大求全。各地生态环境不同，消费习惯也不一样，栽培的蔬菜种类也不同，因此秧苗的种类及要求也不尽相同，尤其是随着交通运输、通信条件的改善，种苗的长途运输成为可能，种苗的生产不仅要考虑当地，也要顾及到周边地区，逐步向“适度集中，规模经营，分散供应，有所侧重”的长远目标发展。同时注意专业生产与全面发展相结合，专业品牌的生产有利于技术的提高和专业化设备的采用；有利于积累经验，提高种苗产量和质量；有利于提高工作效率，降低生产成本。树立品牌，是生产发展的趋势。但单一蔬菜种苗一旦受气候、市场等因素的影响，损失巨大，因此在规划蔬菜工厂化育苗企业时往往需要考虑花卉、苗木等的生产。

规模适度原则。蔬菜工厂化育苗企业切忌过大或过小，要根据实际情况、技术水平、市场需求等综合确定适度规模，如规模过大，容易造成产能过剩，一方面会导致产品积压，另一方面造成资源浪费；如果规模过小，产能不足，难以形成规模效益。

循序渐进原则。育苗规模一般应该由小到大，设备配置逐步完善，切忌在育苗伊始技术水平不甚精准、市场信息掌握不全的条件下贪大求洋、一次性巨额投资，这往往容易造成部分设备闲置和资金大量积压。

节能高效原则。在北方个别地方，连栋玻璃温室冬季加温能耗占育苗企业销售收入的50%以上。应根据蔬菜商品苗生产与需求，选择建设节能高效日光温室、连栋温室、塑料大棚相配套的育苗设施。同时，还要积极引进地源热泵等高效节能的设备装置。

功能多样原则。围绕育苗的核心任务，展开新品种比较试验、新技术研发与展示工作，不断完善育苗企业的功能。在蔬菜育苗间隙期间，为了提高设备的利用效率，可以适当生产部分特色蔬菜、花卉苗木。同时，为了增加效益，强化服务，扩大影响，可以增加部分景观设计，达到休闲参观的功能。

2　规划设计的内容

种苗企业的规划设计内容丰富，一般包括种苗企业场地选择、内部区域规模与设置、主要育苗种类及品种、技术体系、灾害预防预案、种苗销售、产品营销体系等。

规划设计书要求提交可行性报告，规划平面设计图、施工设计图、设计说明书、工程预算。规划设计首先是在调查研究基础上进行的，调查研究的项目和内容包括：①国家和政府的政策法规、发展战略方针、城镇发展规划。②自然资源资料，包括气象条件，地形地质、土壤及其利用状况，生物资源和生态环境等。③社会发展条件，包括人员及劳动力资源，土地资源、交通通信、电力、经济状况、污染及公害等。④市场，包括消费者及消费水平。⑤其他条件，如能源状况、安全防灾措施等。

2.1　场地选择与勘查

（1）场地选择。依据地理位置、地形地块、水源及水质、劳动力来源、可扩展性等初步确定种苗企业位置。

地理位置。若远离蔬菜种植区，会增加商品苗销售运输、售后、供求双方信息交流成本；若紧邻蔬菜种植区，会增加病虫害为害概率。考虑到我国商品苗运输工具、道路状况、种植规模等，建议选择距大型蔬菜种植基地5～10千米，且200千米半径范围内种苗销售量占年出苗量90%以上的区域为宜。

地形地块。以方形地块为最佳，与不规则地块、窄条形地块、圆形地块相比，方形地块更有利于集聚育苗企业各组成部分，缩短内部运行距离。相关统计资料表明，育苗场所运营成本的25%～35%用于劳动力支出，劳动力60%的工作时间用于物料的运输。1%～2%的坡度更有利于排水，但坡度大于15%则不利于土壤保持。

水源质量。育苗离不开优质水源，无论地下井水、水库贮水，还是蓄积雨水、河流水，育苗水源必须具有适宜的pH值、EC值、硬度、钠离子、氯离子、重金属离子等，还不能有病原物、水藻等污染。

可扩展性。我国蔬菜工厂化育苗尚处于起步阶段，在市场需求拉动和规模效益驱动合力作用下，未来我国工厂化育苗的规模将呈快速扩大的趋势。21 世纪初，我国蔬菜育苗场年出苗量约 200 万～500 万株，2010 年个别育苗场年出苗量就已达到 5 000 万株，因此育苗企业初始设计应考虑将来规模的扩展。建成后重新修改设计方案和建设，耗费更大。

（2）场地勘查。在经营者和施工人员的陪同下，到初步确定的场地进行实地勘查和调查访问，了解场地的历史、现状、地势、土壤、植被、水源、交通等情况。

（3）测绘地形图。平面地形图是进行蔬菜工厂化育苗企业进行规划设计的依据。比例尺要求为 1/500～1/200，等高距 20～50 厘米。与设计直接相关的山岳、河流、湖泊、道路、房屋等应尽量绘入，对场地的土壤分布和病虫害情况亦应标注清楚。

（4）土壤调查。根据场址自然地形、地势及指示植物的分布，选定典型地区，分别挖取土壤剖面，观察和记载土层厚度、机械组成、酸碱度、地下水位、肥力情况等，并在平面图上绘出土壤分布图，以便合理使用土地。

（5）气象资料的收集。向当地气象台或气象站了解有关的气象资料，如生长期、早霜期、晚霜期、晚霜终止期、全年及各月平均气温、绝对高温和最低气温、表土层最高温度、冻土层深度、年降水量、空气相对温度、主要风向等。

2.2 育苗场地区域的划分

通过科学合理的布局，可缩短职工往返各工作区域及物料搬运的距离，便于客户业务接洽，提供良好的育苗企业外在形象，起到内节约、外促销的良好效果。

（1）生产用地。生产用地主要包括直接用于工厂化育苗生产的区域，如育苗温室、催芽室等。

播种车间。播种车间是育苗企业的核心区域，通常为钢架结构，地面一般用混凝土硬化。整个车间至少留有 2 个通道，一个作为主通道，供职员和物料进出；另一个作为辅通道，主要用于播种或催芽后的穴盘向育苗温室输出。播种车间内部还可分为若干小区：①育苗基质贮放区，包括基质原料存贮、基质搅拌机械安装等区域；②穴盘存贮区，主要放置播种用穴盘；③检测室，主要用于进行种子萌发试验、基质理化测定等，也可兼作播种车间的办公室；④贮藏室，用于存放种子、农药、肥料、机械配件等；⑤穴盘清洗区，用于穴盘冲洗、消毒、浸泡；⑥播种区，可以是流水线播种机，也可以是单一播种机辅以人工混合作业，甚至全人工播种。播种车间要足够宽阔，催芽室也可以建造在播种车间内，催芽室为可控温、控湿的封闭式空间。

育苗温室。育苗温室是占育苗场地面积最大的区域，由若干面积不等、类型相同或各异的育苗设施组成。育苗温室的面积取决于生产商品苗的数量，结构决定于地理位置、蔬菜种类和育苗季节等。

(2) 辅助用地。辅助用地包括办公区域、排灌系统、道路系统、维修区、围栏和防风带等用地。

办公区域：办公区的外来业务和内部业务比较集中，应标识清晰。办公区提供政务管理、物流管理、财务管理、信息管理、分析检测等场所，还应为来访者或客户提供停车位。销售室外或走廊张挂经营科目的样图及可能的详细说明，甚至实物展示，会极大地节约客户和销售人员的时间。办公区周边应有指向各区域的路标，便于外来客户和内部职员快速到达各目标区域。

排灌系统：排灌系统是育苗场所的重要组成部分，通常由专业人士设计完成。应根据地形特点、道路布局、育苗场地各功能分区，设计排灌系统。排水系统对地势低、地下水位高及降水量多且集中的地区更为重要。排水系统由大小不同的排水沟组成，排水沟分明沟和暗沟两种，目前采用明沟较多。灌溉系统包括水源、提水设备和引水设备 3 部分。水源主要有地面水和地下水两类，提水设备现在多使用抽水机。引水设备有地面渠道引水和暗管引水两种，明渠即地面引水渠道，管理灌溉即主管和支管均埋入地下，其深度以不影响机械化耕作为度，开关设在地端使用方便之处。

道路系统：一级路（主干道）是育苗场所内部和对外运输的主要道路，多以办公室、管理处为中心，设置一条或相互垂直的两条道路为主干道，通常宽 6～8 米；二级路通常与主干道垂直，与各耕作区相连接，一般宽 4 米，其标高应高于耕作区 10 厘米；三级道路是沟通各耕作区域的作业路，一般宽 2 米。

维修区：大中型农机设备、运输车辆停放和维修保养区域。可以是敞棚避雨结构或钢架结构，占地面积和高度依据设备多少、大小而定。

围栏和防风带：育苗场所外围可设置铁丝网、木制围栏；在上风口种植高大乔木，能够有效防止强风的侵袭，稳定育苗场所内部气流，减少强风危害。通常防风带约 5～9 米，由 3～5 行树木组成。

第二节　蔬菜育苗产业化体系

蔬菜工厂化育苗是蔬菜育苗技术发展到目前的最高形式，是蔬菜秧苗商品性生产的最高阶段，是从蔬菜栽培体系中分化出来的独立产业。对于一个产业而言，从它的生产开始，随着产业的逐步发展壮大，在生产的原材料选择处理、产品的生产计划及管理、生产过程的质量保证及检验、运输销售及效益核算等方面都会形成与本产业特色相适应的产业化体系。目前，我国蔬菜商品性生产正处于迅速发展时期，生产的发展必然会对蔬菜商品苗的生产与经营提出相应的要求。近年来，各地相继建立了不同层次的育苗基地或中心，也正是为适应这种需求而产生的。除此以外，季节性的育苗专业户也不断增多。这表明我国蔬菜育苗企业已进入商品苗生产的初级阶段，但只是还没有形成庞大的、正规化的、真正企业性质的产业。由县、乡、村建立的具有较强的服务体系色彩的蔬菜育苗中心，大多数是育苗技术水平不太高，规模也大小不一，经营管理也很不完善，还谈不上建立完整的蔬菜商品苗生产的产业化体系。尽管如此，从蔬菜商品性生产的发展规律来看，这个产业一定会随着蔬菜商品生产的发展逐渐发展壮大，形成具有中国特色的蔬菜商品苗产业化体系。因此，一方面要在宏观上因势利导，促进商品产业的发展，同时也必须依据我国的国情，确定合理的企业模式，以及与我国商品生产和市场相适应的技术路线，促进育苗产业稳定而快速发展。

与一些发达的国家，如荷兰、日本、美国等蔬菜育苗产业已经与种子产业、蔬菜商品性栽培、产后处理和运输销售紧密地连接成一个规模宏大、较为完善的产业链体系。在中国，各产业之间还缺乏紧密的联系，就是产业部门内的联系也还没有真正建立或不尽完善。

1　商品苗生产的计划与管理

1.1　育苗业的计划

作为一个企业，优化的育苗技术体系及先进的育苗设施、设备的作用能否充分发挥，关键在于计划及管理的水平。计划与管理工作关系到产品质量及经营状况。

蔬菜育苗企业的计划主要是生产计划，其内容应包括以下三个方面：生产任务计划、任务落实计划及财务计划。生产任务计划是依据市场需求、订购合同及生产能力决定。作为一个企业，其生产任务的饱和度即最大生产能力应该是心中有数的，而且每年的变化在不增加设施设备的前提下也不会很大，可以根据上年的实际完成情况来确定。除了保证合同任务的完成外，主要应依据市场需求的变化及预测对上年的生产任务作适当的调整，争取获得更大的效益。生产任务确定后，还必须将任务落实到全年各个时期，并与设施设备的利用相配套，应着重考虑设施设备的充分利用以及生产潜力的挖掘，以此对生产任务计划作进一步的调整。财务计划是从经济核算角度预测当年生产任务完成后的经济效益以及经济效果，其中包括产品成本、经济效益及投入产出比的计算，以此进一步监测生产任务确定的合理性。如在效益上达不到预定的目标，应该对生产任务计划作局部的调整。

在制定生产计划时，应注意以下四条原则：

第一，育苗生产计划时应留有余地，特别对合同任务的完成应有较大的安全系数，一般为15%～20%。即使在育苗设施、设备条件较为先进、完善的条件下，育苗中也避免不了一定的风险及不可预测的因素，如气候条件骤然变化的影响、病虫害的发生以及技术操作和管理上的失误等，留有余地对保持生产的稳定及企业的信誉有重要意义。

第二，为获得更大的育苗经济效益，在计划制定过程中应考虑到生产潜力的挖掘：一方面要尽可能节约能源、物资及资金的投入，同时应尽可能提高现有设施、设备的利用率，育出更多更好的蔬菜秧苗。这是提高育苗业经济效益的重要途径之一，它不仅与管理工作有关，更重要的应从改进技术或设施、技术合理组合上想办法，既保证秧苗的质量，又能增加产值和效益。

第三，提高经济效益和市场知名度，在依据市场需求及合同要求确定生产任务的同时，还应充分发挥本单位资源优势及设施、技术优势，生产批量的拳头产品，以提高经济效益及市场知名度。例如，培育具有特殊优良品质的蔬菜秧苗或抗病力较强的嫁接苗等，这样育苗企业在秧苗生产中才有自己的特色，能为扩大经营规模及占领市场创造有利条件。

第四，蔬菜育苗企业任务的确定应本着以一季为主，全年开发；一类苗为主，多类苗并存；以菜苗为主，也育其他作物如花卉、草莓等有价值的秧苗；以育苗为主，还可兼顾其他产业，特别是与育苗有关的产业，如繁种、有机质加工等以扩大企业的业务范围，争取更大的效益。

1.2　蔬菜育苗企业的管理

作为一个产业，即使在发展初期也必须实行企业化管理。我国目前各地发展的蔬菜育苗基地或育苗中心，尽管是具有服务体系的性质，但也应逐步走上企业化管理的轨道，否则不利于育苗产业的发展。正规的现代蔬菜育苗企业如育苗公司应该建立科技、生产、供销三元一体的管理体制。科技部的主要任务是制定与改进育苗技术，规范并监督实施；引进、研究并开发新品种、新技术，只有品种不断更新和技术不断进步，才能增强市场的竞争力。生产部的任务是按确定的品种、技术规范及育苗程序或工艺流程组织生产，按计划时间保质、保量地完成生产秧苗的任务；在秧苗生产过程中必须执行严格的操作规程，科学地组织与利用劳力，防止生产事故发生，并建立明确的生产责任制及必要的规章制度。供销部的主要任务是负责产前育苗物资的准备及产后秧苗的销售。在物资准备方面，除一般物资外，最重要的是保证育苗用种的品种质量、发芽质量以及育苗基质原料的质量。在秧苗销售方面应着重于产品宣传、签订合同、按期供货、追踪调查等工作。以上三个部门都很重要，既要各司其职，又要互通有无、相互联系。

与其他农业企业不同，蔬菜育苗企业在管理上有其一定的特点：

第一，育苗的时间性。蔬菜秧苗是供给蔬菜生产者作为种植材料应用的柔嫩、活体的特殊生产资料，难于运输与保存，在时间要求上非常严格。提前供苗，生产者由于季节或换茬等原因不能栽植，保存数日后成活率降低；延迟供苗，生产者不能按时栽植，影响早熟和产量，特别对保护地及露地早熟栽培影响更大。在组织生产时，必须有严格的时间观念，严格按技术规范进行操作，确保按时成苗，并要精心组织包装、运输等环节的作业，保证按时供应秧苗。考虑到农业生产的特殊性，在签订合同时，在供苗时间上也应有一个余地，以免被动。

第二，育苗条件的制约性。与一般工业产品的生产不同，其产品形成的速度及质量不仅决定于原料及操作技术，更主要是受育苗环境的影响。在秧苗生产过程中，秧苗生态条件的改变会完全打破原来制定的计划，特别在育苗设施、设备不够完善的条件下，这样的事情可能会经常发生。因此，一方面在计划制定时要充分考虑育苗条件的影响，同时在管理上也应有所准备，一旦出现不正常情况，应积极采取措施及时补救。

第三，品种的区域性。蔬菜秧苗是蔬菜生产过程作为生产资料使用的中间产品，而各地蔬菜生产对品种的要求及品种的适应性也有较大差别，品种不对路，秧苗质量再好生产者也不可能接受。因此，不仅在组织与计划生产时要考虑这个特点，在产品销售的区域性特点上也必须注意，签订合同时更应该明确其品种及适应范围，销售时也应标明品种的名称及特性，以免造成生产上的损失或产生不必要的纠纷。

第四，按质论价。在蔬菜生产区，各种蔬菜不同栽培时期需要的秧苗价格大致有个标准，但秧苗的质量却千差万别，为维护育苗企业的信誉，必须坚持按质论价的原则，使生产者在购苗时有选择的余地。因此，育苗企业应该在秧苗质量上有明确的标准，保证质量分等合理、价格公道，绝对防止优劣苗一个价，甚至以劣充优的现象发生。

2　商品苗生产效益与分析

在育苗专业化、商品化的条件下，应注意并认真做好效益分析工作，这不仅为评价企业所采取的育苗技术方案或某些技术环节的技术效果提供依据，更重要的是为评价育苗企业的经营管理水平提供可靠的依据、为企业的生存和发展提供必要的保证。

育苗效益可从四个方面进行分析，即经济效益、生态效益、生产效益和社会效益。

在进行商品苗生产的条件下，育苗经济效益是以秧苗出售的价格来实现的。秧苗出售价格的确定除取决于秧苗的生产费用（或成本）外，还取决于受市场和生产变化影响的秧苗增值率的大小。在秧苗出售之前，增值率只是一种预测估计值。所以秧苗价格往往都是在大于增值率、加上生产费用（或成本），且在市场可以接受的范围内确定的。因此，秧苗出售的价格就反映出育苗者经济效益及用苗者经济效益两部分的效益分配。秧苗售价较高，超出育苗者应该分享的部分，则生产者（购苗者）应得的效益受到损害；反之，售价过低，则将整个育苗经济效益的大部甚至全部转让给生产者，育苗企业得不到应有的效益，就无法维持和发展生产。

生态效益一方面可以通过光能利用率、积温增加率、热能结构比、辅助加热能量置换率、秧苗生理适应性等功能指标来评价，这些指标设置的目的在于从生态的角度对秧苗生态系统与外部因素之间各种投入与产出的效率进行计算与分析；另一方面可以从生态功能上反映出秧苗生产的环境及技术要求的适宜度，同时也为判断育苗效益提供有用的生态学依据。

生产效益可以通过设施利用率、壮苗百分率、秧苗商品率、秧苗增产率等指标来评价，可以进一步分析蔬菜秧苗生产的效果及其改进生产的潜力。

专业化、工厂化育苗中心或企业的出现是随着蔬菜商品性生产的发展而产生的，反过来，育苗业的发展不仅推动了蔬菜商品性生产的发展，而且为传统农业向现代农业的转变提供技术和实力保证，为种子产业进一步发展提供更广阔的市场，为提高蔬菜产品质量和产量奠定可靠的保障。由此可以看出蔬菜工厂化育苗的社会效益是巨大的。

育苗效益中生态效益、生产效益及社会效益的分析和评价是经济效益分析和评价的基础和前提。因为生态效益、生产效益和社会效益中的某些组成成分和产生的作用，不仅影响着经济效益的高低，而且关系到育苗企业的生存和发展。可以认为经济效益高而生态效益、生产效益和社会效益不高时，这种经济效益是暂时的、不可能持久的，最终会导致经济效益的下降。相反，生态效益、生产效益和社会效益的提高，既为经济效益的提高打下良好的基础，也可以直接产生巨大的经济效益。因此，对于大型专业化、工厂化的育苗中心或企业，应该建立比较全面的育苗效果评价体系，进行综合性效益评价，不断提高育苗中心或企业的现代化水平和发展的潜力，以更快地推进农业现代化进程。

第三节　运用现代企业管理技术管理蔬菜育苗企业

近年来，我国蔬菜种植规模化程度日益增强，生产资料和能源价格不断攀升，具有节本增效显著特征的蔬菜集约化育苗技术得到广泛应用，不同经营方式、各种规模的育苗企业如雨后春笋般涌现出来。蔬菜集约化育苗产业的形成和发展，对推动农业科技成果的转化和应用、促进蔬菜丰产优质高效生产、带动设施装备产业发展、实现蔬菜产业现代化起到非常积极的作用。

在蔬菜育苗企业引入现代企业管理技术，充分吸取现代管理经验，以人为本、以效益为核心，通过制度化、标准化管理，实现全面质量管理，必然实现蔬菜育苗产业的更快发展。

1　我国蔬菜育苗企业的发展概况

1.1　投资主体

截至目前，我国蔬菜育苗企业的投资主体至少有以下 5 种：①农民个体投资型。长期从事蔬菜种植，积累了丰富的蔬菜栽培经验，熟悉传统的蔬菜苗期管理技术，转而从事专业或兼业蔬菜育苗。②企业投资型。部分从事种子、肥料销售的企业，熟悉农资来源渠道及其市场价格，继续在原有经营项目基础上兼营商品苗生产和销售。③联合投资型。两个或两个以上利益主体合股投资，企业所有权和使用权相对分离，共担风险，共享收益。④政府投资型。中央或地方政府通过项目作为投资主体，下属企事业单位实施管理。⑤外资主导型。Speeding 等大型国际育苗公司，在中国独资或合资兴办，如上海 Speeding 种苗公司。

1.2　育苗规模

市场定位和投资水平决定着企业育苗规模。目前我国育苗企业年育苗大多在 200 万～2 000 万株之间，相差较大。小型育苗企业一年仅育 1～2 茬苗，以冬春茬为主；大型育苗企业基本可以实现周年育苗，并已开始注重品牌发展战略和多元经营策略。

1.3　蔬菜种类

全国范围内，集中育苗移栽的蔬菜种类主要包括茄果类、瓜类、叶菜类等 3 大类约 12 种蔬菜，如辣椒、番茄、茄子、黄瓜、西瓜、甜瓜、苦瓜、芹菜、西葫芦、结球甘蓝、生菜，其中茄子、黄瓜、西瓜嫁接苗的比例增长较快。因地域栽培习惯、季节差异和收益等，育苗蔬菜种类呈现出明显差异。

1.4　设施装备

我国各地育苗企业的设施装备差异明显。对于育苗设施，南方以连栋塑料大棚为主，北方以日光温室为主；对于装备条件，在大型育苗企业，基本实现多种设施、环境控制设备、操作设备、运输设备的配套应用，但在小型育苗企业，或只有一种育苗设施，冬季寒冷季节烟道加温或热风炉辅助加温，夏季自然通风降温，以人工操作为主，育苗风险很大。高性能、廉价、配套的育苗设施开发是今后亟需解决的问题。

1.5 管理水平

我国集约化育苗还处于起步阶段，管理水平与育苗企业的高投入、高风险极不相称。传统的物本观念、个体意识、经验决策、短线思维严重。立项前，对市场容量、消费水平、设备选型、技术配置、能源消耗、总体布局、竞争能力、经营风险等缺乏充分、广泛地调研和认证；运营中，不重视各环节的有机联系和数据积累，不能在认真、细致的数据分析基础上，对工艺进行科学改良，也无法建立人性化、制度化、标准化的管理体系。

2 现代企业管理理念与技术

2.1 现代企业管理的思想核心

随着社会生产力不断发展，市场竞争日趋激烈，管理环境日益复杂，人们对管理问题的认识逐步深化，全新的现代管理思想体系逐渐形成，表现出显著区别于传统管理思想的特征：①人本观念，即一切以人出发，以人为本，注重对人的积极性、创造性激励的管理思想；②系统观念，即注意组织内部管理层次、环节、部门、人员之间的相互联系和制约，注意个体与整体的配合协调，强调一切从整体出发，旨在优化整体功能的管理思想；③择优决策观念，即决策必须是多角度、多因素分析之后的多方案比较，然后择优，这是一种多元、动态、系统的管理行为；④战略观念，即对管理问题的提示、管理措施的制订、管理方法的调整是针对企业内外环境协调一致、企业长远发展而进行的，它强调管理行为要高瞻远瞩，管理者要具有超前思维；⑤权变观念，即管理行为没有放之四海皆准的模式，必须是随机应变、因人因事因地制宜。

2.2 现代企业管理技术关键

（1）人本管理。“科学技术是第一生产力”，但科学技术必须在人的积极、准确使用下，才能发挥效益。在生产力三要素中，生产者总是占据首要和主动的地位。在企业管理中，必须坚持“以人为本”，充分调动生产者的积极性，才能为企业的生存和发展提供根本保证。日、美两国采用了两种截然不同的管理模式，日式从人的集体协作角度出发，而美式则偏重于个体的创造性，但都体现了“人本管理”的重要性。

（2）成本管理。成本管理的方法有很多种，“目标成本法”是目前国际上广泛采用的成本管理方法，其实质是以给定的竞争价格为基础决定产品的成本，以保证实现预期的利润。即首先确定客户会为产品/服务付多少钱，然后再回头来设计能够产生期望利润水平的产品/服务和运营流程。目标成本法使成本管理模式从“客户收入＝成本价格＋平均利润贡献”转变到“客户收入－目标利润贡献＝目标成本”。

（3）质量管理。根据ISO 9000系列标准，“质量”定义为“反映产品或服务满足明确或隐含需求能力的特征和特性的总和”，而需求的顾客为“接受产品的组织或个人”，即顾客既指企业外部的最终使用者、受益者，也包括企业内部生产、服务和管理活动中作为接受前一个过程的部门或个人。

ISO 9000系列标准中列出了建立和实施质量管理体系的八个步骤，即：①确定顾客的需求和期望；②建立组织的质量方针和目标；③确定过程和职责；④确定和提供资源；⑤确定过程的有效性和效率的方法；⑥测定过程的有效性和效率；⑦防止不合格并建立克服的措施；⑧建立和应用以持续改进为过程的质量管理体系。

（4）制度建设。广义的管理制度包括产权制度、组织制度、管理制度，是现代企业制度的重要组成部分，它涵盖现代企业经营思想、经营战略及领导制度、人才开发、培养、激励机制、组织机构、管理标准及文化特色等。狭义的管理制度也称管理标准、规章制度，是指企业所制定的以书面形式表达的用以规范企业经济、技术、生产等各项活动的条例、规则、程序和办法的集合。

管理制度是企业得以顺利运行的必要条件。企业管理制度应具有合法性、可行性、严肃性和先进性，因此管理制度建设应遵循：①系统原则，按照系统论的观点来认识企业管理制度体系，深入分析各项管理活动和管理制度间的内在联系及其系统功能，从根本上提示影响和决定企业管理效率的要素和原因；②管理自然流程原则，在企业中，业务流程决定各组织的运行效率，将企业的管理活动按业务需要的自然顺序来设施流程，并以流程为主导进行管理制度建设，满足了流程管理的思想；③以人为本原则，企业管理的计划功能、组织功能、领导功能、控制功能都是通过人这个载体来实现的，只有在各环节中充分发挥了人的积极性、创造性，企业才能达到它的目标；④“除弊”制度与“兴利”制度并重原则，“除弊”制度是指那些重在限制和惩诫人的不当行为，旨在防止和消除各种弊端的制度，“兴利”制度则是指那些鼓励人的良好行为，引导人的行为的制度；⑤稳定性与适应性结合原则，企业管理总是要不断否定管理中消极因素，发挥管理中的积极因素，并进行自我调整、自我完善，以适应企业内外部环境变化的需要。

3　蔬菜育苗企业引进现代企业管理技术

3.1　蔬菜育苗企业工作流程

蔬菜育苗企业，是指掌握各种技能（管理技能、生产技能、机械维修技能、采购销售技能）的员工群体，利用一定的设施（日光温室、塑料大棚、连栋温室等）、设备（精量播种机、基质搅拌机、灌溉施肥机、加温降温设备、运苗车等），消耗种子、肥料、水、电、热能、基质，为菜农提供优质商品苗和后续服务的实体或组织。因此，蔬菜育苗企业的工作流程按建设、生产、服务阶段至少划分为三个大流程：市场调研、产品生产、售后服务。

3.2　蔬菜育苗的技术流程

严格意义上说，蔬菜育苗是一个与苗期发育阶段相应的流水线作业过程，包括基质配制、种子处理、播种、催芽、苗期环境调控和病虫害控制、出苗等多个环节，各个环节相互衔接、有序进行，才能保证生产出优质的商品苗。

3.3　基于蔬菜育苗工作流程和技术流程的现代管理体系

（1）高度重视前期调研，确保投资的合理性。一方面，在育苗企业投资运行前，需对当地的消费习惯、经济发展水平、园区立地自然条件等进行充分、准确的评估，以确定“干或不干”、“干多大”、“怎么干”，并根据投资情况确定企业未来建设规模、装配水平等，同时招收技术员工、采购基质、种子等；另一方面，在制订生产计划前，要了解市场对商品苗的需要，包括何种蔬菜、何种品种、多少数量等，并根据当地产业发展政策，准确推断蔬菜商品苗的消费趋势，结合用工薪酬、不同育苗茬口对设施的要求等，采取成本管理理念，制订科学、合理的生产计划。

（2）重视员工的创造性劳动，提高员工技术水平。在育苗企业中要体现“人本管理”，就必须研究企业聘用员工的思想和性格，了解员工的需求，设身处地为员工着想，尽最大努力调动员工的积极性，使员工为企业发展贡献最大的力量；探讨一系列的与质量和产量相关的奖罚制度，如按劳分配、计件制度、计时制度等，使员工的劳动成果与创造性成果得到肯定；定期或不定期召开职工会议，加强彼此沟通，增强彼此的信任与了解，增强企业的凝聚力。同时，使员工了解企业目标，加强技术培训，树立质量意识，提高技术熟练程度、准确程度以及标准化程度。

（3）完善管理制度，实现目标管理。提出企业必要的人事管理制度、财务管理制度、质量管理制度，并在企业运营中不断完善，逐步降低各个环节的生产成本。在育苗的关键环节，确定责任人，分解成本，认真考核完成情况，并制订合理的奖惩办法。如在基质配制环节确定负责人，根据育苗蔬菜种类和茬口提出育苗基质标准和成本指标，在生产过程中通过基质原材料配比改良、用工人员优化等，实现成本节约和质量提升。

（4）重视数据收集处理，建立全程质量管理体系。产品质量是企业生存之本、竞争之源。基于菜农对不同蔬菜种类和茬口安排的需要，制订蔬菜商品苗质量标准，内容包括实际苗龄、幼苗形态学特征、生理特征、抗病性特征等，根据这些标准制定基质标准、操作规范，将质量指标和效益指标统一起来，化解到育苗的各个环节，从“源”到“流”保证质量实现。育苗全程真实、准确地记录相关数据，包括用工、材料耗损、能源损耗、设备维修、运输成本、质量检验、幼苗发育参数、合格率、售后服务等，逐步积累和建立数据库，为质量优化、节能降耗提供科学依据。

半地下式日光温室育苗

催芽室催芽（冬春季）

地源热泵风机

地源热泵主机

规模化育苗 1

规模化育苗 2

规模化育苗 3

精量播种

连栋温室夏季营养钵育苗

日光温室育苗

西瓜嫁接育苗

穴盘运输架

种苗运输 1

种苗运输 2